胡逸

著

Journeying with Artificial Intelligence
A Promising Future

未来可期
与人工智能同行

陕西新华出版
太白文艺出版社·西安

果麦文化 出品

自序

—

何以为人？随预而安

两年前，在"澎湃新闻"开设"未来可期"专栏的时候，我绝不会想到，我会出版一本以人工智能为题的书。

去年年底，当我把书稿发给一位作家朋友的时候，他有点儿吃惊：你，一个本科学英文的文科生，要写一本讲述人工智能的书？

他的吃惊，反过来也让我吃了一惊。为什么文科生就不能写人工智能？催生 ChatGPT 的美国 OpenAI 公司的核心人员也不全是学计算机的啊？

我自认为是一位终身学习者。我对这个世界充满了好奇感。二十多年来，我变换过很多工作岗位，涉足过诸多彼此毫不相干的领域，但似乎从未畏惧过变化。无论是哪个领域，我都觉得很有意思，都希望自己有能力去观察、理解、体悟新知的魅力。

当"澎湃新闻"的编辑邀我在这个官方主流互联网媒体上开设专栏的时候，我涉足大数据工作已经两年有余了。其间，常有新朋故旧迷惑不解地问我，大数据大在哪里？人工智能何以人工？ChatGPT之类的聊天机器人有无灵魂？问题五花八门，焦点都在于预测，大家希望我能与他们一起预测：未来会发生什么事？人类会不会陷于万劫不复之地？我们会不会在有生之年迈入暗黑时代？日常对话中的问答总有语焉不详的毛病，不是不知所问，就是答非所问。然而身为大数据工作者，答众人之疑，特别是有工作关系的同事的疑问，亦为职责所在。如此情景下，有人邀我开设专栏，撰写科普文章，我没怎么犹豫就答应了。

之所以用"未来可期"作为专栏名称，是因为我想借"道阻且长，行则将至；行而不辍，未来可期"这句名言，与更多的人分享我对未来的乐观态度，消除周围世界对未来科技的焦虑，特别是对人工智能的焦虑，与大家一起讨论，我们应该以何种视角来看待人工智能，以及用何种姿态迎接人工智能技术的不期而遇。

于忙碌的日常工作之余，撰写科技专栏，对我这个业余写作者来说，自然是一件有难度的事。最大的难处是时间。好在时间是挤出来的。何况，写作本身也是专业学习的一种方式，有利于本职工作的跬步积累。所以，我克服了业余写作与生俱来的障碍，信笔由疆地体验了一回专栏作者的甘苦。

所幸，专栏的写作体验就像大家打掼蛋一样愉快。我曾经说过，如果你对某一种未知事物感到焦虑，我有一个亲测有效的方法，就是来一场预测未来的"拼图游戏"。通过阅读和思考，找到相关的线索，一旦能把全部的线索拼凑起来，就能试着预测未来，对未知事物的焦虑感也会随之烟消云散。

然而，把预测变成文字也需要一些勇气，促使我做出这样的决定，主要源于这样一个信念：美好的想法，如果不与美好的人相遇，就会消逝。我想扮演一个主持人的角色，或者脱口秀演员，在你们工作生活之余，给大家提个醒：瞧，未来就在那个墙角。我把专栏写作理解为一场对话，既与亲友同事，又与对预测未来有热情的陌生人。一开始，我就尽量用简洁平实的语言，循序渐进地开启这场对话。许多事例或是我的亲身经历，或与我所从事的工作息息相关，我会努力保持一些"镜头感"，让大家能够更近距离地观察到，人工智能如何一步步走进和改变我们的生活，如何给我们带来前所未有的便利，又如何给我们带来纷繁复杂的困扰。

这场对话的主题看似围绕着人工智能技术，以及随之而来的难题挑战展开，核心议题却是人类本身。在我看来，人工智能的发展与人类自身的发展是一体两面的关系，或者说，人工智能是人类的一面镜子。正如东西方神话中何以为人的传说，我们正按照自己的模样在创造人工智能，让它越来越像我们自己。所以，你完全可以这样来理解，我真正想要预测的并不是人工智能技术会发展成什么样，而是人类通过人工智能技术会发展成什么样。

预测未来，的确要冒很大的风险，但是，如果因此干脆放弃预测，才是最大的风险。正如英国人类学家丽泽特·约瑟芙迪思（Lisette Josephides）所说，想象未来是一种富有存在主义气息的实践，想象是一种能力，希望则是想象的内容。想象是不断地创新，也就是说，想象总是奔向未来，打开新的思维空间。于人类而言，我们不妨把预测看作一种向死而生的哲学，哪怕失败，也比墨守成规好一百倍。

我不是人工智能科学家，与其说我在预测人工智能的未来，不如说我在思考未来如何与人工智能同行。西方谚语说，人类一思考，上帝就发笑。也许，5000年后的人类会觉得我今天的思考也很可笑。我曾走进良渚古城遗址，在5000年前我们先人留下的稻米前徘徊不前。5000年前的先民们可曾预测过，今天的粮食是什么？今天的我们又怎么看待他们的稻米文明？以今天为起点，5000年后的人类，又会以怎样的眼光打量今天的我们呢？如果人工智能真的具备人类的灵性，它们会视今天的我们为自己的祖先吗？当历史、现在与未来交相辉映，人类是否有可能与人工智能一起携手回答"何以为人"的终极命题？

迄今，还没有一位严肃的人工智能科学家相信人工智能真的具备人类的灵性。我也不相信聊天机器人会像人类一样思考。人是思想的芦苇。我思故我在。如果机器能思考，那么你我又是什么？虽然如此，我依然尊重那些执着地相信人工智能会取代人类的预测。

预测，亦是今日之我们，留给将来之馈赠。

目录

Part2 纷繁困境：人工智能时代的难题

Part1

未来已来

关于人工智能时代的想象

在这个时代，最成功的人，
将是那些能够与人工智能形成有机协同，
共同创造更大价值的人。

与人工智能共同成长

GPT 类产品正如雨后春笋般疯狂成长。

2023 年 3 月 15 日，OpenAI 研发的多模态预训练大模型 GPT-4 发布。迭代升级后的它，拥有更强大的识图能力，能更加流畅地回答用户问题，且风格多变。微软跟着宣布，将把 GPT-4 嵌入办公软件套装，推出全新的 Microsoft 365 Co-pilot。不甘示弱的谷歌也宣布将把类 ChatGPT 的 AI 工具整合进入 Workspace（谷歌的整套办公组件，包括 Gmail 和 Google Docs 等）。

才过一天，3月16日，百度首款多模态大模型文心一言正式亮相。在发布会上，文心一言先是帮刘慈欣续写《三体》，创作主题海报，再用四川话读文本，直接生成视频。它还正确解释了成语"洛阳纸贵"的含义，以及相对应的经济学理论，并用"洛阳纸贵"四个字创作了一首藏头诗。

4月11日，阿里云正式宣布推出大语言模型"通义千问"，并宣布旗下阿里全家桶全部接入其中。未来每一家企业在阿里云上，既可以调用"通义千问"的全部能力，也可以结合企业自己的行业知识和应用场景，训练自己的企业大模型。

……

在这里，我不想花太多的文字，来向读者朋友介绍各家大厂的技术如何先进，应用如何广泛。我倒是想和大家一起讨论，作为一个个体，如何和GPT们一起成长，我们该朝哪个方向努力。或者说，我们该如何做好准备，来迎接GPT们的挑战。

那么，GPT们的竞相角逐和蒙面狂奔，会把我们带入一个什么样的时代呢？百度创始人兼首席执行官李彦宏说了这么一段话："人工智能会彻底改变我们今天的每一个行业。人工智能的长期价值，对各行各业的颠覆性改变，才刚刚开始。未来，将会有更多的杀手级应用和现象级产品出现，将会有更多的里程碑事件发生。"

和李彦宏有同样想法的大有人在。微软公司联合创始人比尔·盖茨（Bill Gates）认为：在自己一生中，经历过两次革命性的技术冲击。一次是图形用户界面，另一次就是当下大热的人工智能。

英伟达（NVIDIA）创始人兼首席执行官黄仁勋指出：我们正处在人工智能的 iPhone 时刻，新的人工智能技术和迅速蔓延的应用正在为成千上万的新公司开辟新的疆域。

360 集团创始人周鸿祎认定 GPT 是场新工业革命，其意义超越了互联网、iPhone 的发明，所有行业都值得用 GPT 重塑一遍。

在我看来，这一波技术发展，比预料中的要来得迅猛，以至于我们都来不及给 GPT 起一个好听的中文名称。GPT 是 Generative Pre-training Transformer 的英文简称，中文直译为生成式预训练转换器。时至今日，我更愿意把 GPT 看作通用技术（General Purpose Technology）。为什么用"通用"这个词语？大家想一想，如果 GPT 们（我指的是 GPT-4、Microsoft 365 Copilot、文心一言等）可以帮你写邮件、做 PPT、写会议备忘录等，那么它们是不是几乎可以做大部分白领的日常工作了？这就是为什么有微信公众号会列出"10 亿打工人被革命"的耸人听闻标题。

为此，我想给出一些我个人不成熟的建议，至少可以让读者朋友们有一些准备，以免在变革发生后措手不及。这件事情，不是万一会发生，大概率是正在发生，而且会发展飞速。

我给大家做个比喻吧。设想你在一个橄榄球场中（它已被密封起来，以防漏水），裁判将一滴水放在球场中央。1分钟后，他又放了两滴在那里。又过了1分钟，放四滴，以此类推。你认为把这个球场灌满水会花多长时间？答案是49分钟。但真正令人诧异的是：过了45分钟，该球场还只有7%的空间有水。后排座位上的人们还很定心地和邻座聊天，并没有意识到危机的来临，而4分钟后，他们都淹死了。

这就是指数型增长的巨大威力，创新的速度过了一个特定的点，发展会非常快，就像当年汽车取代马车一样。所以，我给出的第一个建议是：摆脱惯性思维，学会快速适应。

先跟大家分享两个我自己家里发生的真实故事。

故事1：自从我父母家新买了一台智能电视后，我发现母亲看电视的方式有些变化。她不再用遥控器按键去一个个翻电视频道，而是直接对着遥控器说"我要看江苏卫视"。她也不像我，是用拼音输入法搜索自己想看的影视作品，仍是对着遥控器说"我要看《人世间》"。

说实话，此前我从来没尝试过对着一个电视遥控器持续说话。直到有一天，我在父母家看电视，发现我用那个小小的遥控器一个个按拼音输入，的确不如她快。尽管我的普通话比母亲标准，拼音输入法也比她用得快，但是惯性思维让我认为遥控器就是用来按的，而不是用来对话的。反之，我母亲不会拼音输入法，她比我更习惯用语音输入。

故事 2 ：我们家有个小爱音箱，可以控制卧室灯具。我发现，我女儿发出的语音指令，比我发出的指令更有效。这是因为，我女儿时不时会跟小爱音箱聊天，各种话题都有。

作为成年人，你是不是会觉得在家里跟一个音箱聊天，有些奇怪？但是，设想一下，如果你出生的时候，家里就有一个智能音箱，而且它会给你讲故事，唱歌，替你控制家里其他的电器，那么你也许会觉得，这是一件很自然的事情。就像成长于手机支付的一代人，如果让他们去一些还在使用信用卡或纸币的国家，他们也会觉得不适应。

当下，GPT 们日新月异（甚至是日新周异），如果我们面对问题，只从自己熟悉的角度进行分析和思考，而忽略先进技术带来的可能性，则有可能导致决策偏差。更有甚者，抵制变革，拒绝接受新的观念和方法，这就有可能阻碍组织和个体发展，影响整体竞争力。

"敢于相信那些被认为不可能的事情，敢于想象那些难以想象的事物，以及敢于质疑昨天对我们来说似乎还无法改变的事情。"这是法国政治家弗洛朗丝·帕利对 GPT 们的看法，不知道各位读者是否同意？

在我看来，保持开放心态，尝试创新技术，摆脱惯性思维，是我们面对 GPT 浪潮应有的姿态和选择。我们的下一代人会彻底迎来一个人工智能的新时代。到那个时候，他们也许会问："为什么上一代人要花那么多时间去刷题，去学习所谓的知识，这些知识难道不应该让人工智能来掌握吗？"

如果我们走出了惯性思维，那么我给出的第二个建议是：学会从死记硬背到活记软背。

GPT-4发布后，美国卡耐基梅隆大学数学系罗博深教授说了这么一段话："人类社会的教育将发生根本性改变。这个几乎是用'刷题'的方式喂大的人工智能的到来，意味着人类的刷题时代即将成为历史。"

我对这句话有同感，在我读书的那个年代，死记硬背还是一种优势。在更久远的时代，由于信息获取的途径相对有限，能够熟练掌握和背诵大量知识的人往往受到尊敬。我们常说的"熟读唐诗三百首，不会作诗也会吟"，就是这个道理。

我举一个例子，在我刚刚工作的20世纪90年代，我的处长向我展示了他超常的记忆力，他可以背出来我们全局100多号人的电话号码，自诩"活的电话号码本"。可到了今天，几乎每个人都在用智能手机，有来电显示，还可以唤醒Siri来拨打电话。我本人现在可以背出来的电话号码不超过10个，我相信很多人跟我一样。我可以不需要背电话号码，不需要把电话号码抄录在通信录中，只需要知道给谁打电话。

这就是我为什么要把死记硬背改成"活记软背"，这四个字其实是我生造出来的词语。

所谓"活记"，就是在知识更新速度极快的今天，个体需要具备灵活记忆和快速学习的能力，特别是要学会把自己面对的模糊问题，转化成为搜索关键词，从而找到有效信息。我们要善用各种科技工具，例如，使用新一代搜索引擎、电子书籍、知识管理软件等工具来获取和整理信息，提高学习效率。我们需要的是构建知识体系，而非背诵知识体系内的一个个知识点。

所谓"软背"，就是把背诵这件事交给软件，让它们去做简单记忆。人类会记忆会考试的收益会越来越低。如果我们和GPT们比默写不出错，那我们大概率会输，因为GPT们是碾轧级的存在。在GPT们诞生之前，我们面对千年积累的巨大图书馆，只好多读多背多记录。现在，图书馆多了一位管理员，它逻辑清晰，回答飞速，并能帮助我们更高效地获取、整理和运用知识。

GPT们当道的信息时代，单纯依靠记忆已经不再是人类最重要的能力，死记硬背的优势逐渐减弱。科技让我们能够轻松地获取大量信息，如何筛选、分析和运用这些信息，继而提炼出解决问题的方案才是关键。如果我们把知识比喻成宝藏，我们现在更需要学习如何绘制藏宝图，而非记住具体的宝藏品类和数量。

只要你知道去哪里搜索，搜索什么东西，那你就会快人一步。紧接着，我想给出的第三个建议是：一定要学会问问题。

学问学问，一个是学，一个是问。原来学习和提问同等重要，我们要先学后问，或者边学边问。不过，随着GPT们的流行，我判断，我们会进入一个机器深度学习，人类深度提问的时代。

如果我们要做一流学问，就一定要善于提问，但不要问百度一次就能够得到答案的问题。我想跟你分享一个"希尔伯特23问"的小故事。

1900年，德国数学家戴维·希尔伯特（David Hilbert）提出了23个未解决的数学问题。这些问题涉及数学的多个领域，包括几何学、代数、数论、拓扑学、逻辑和概率论等。当他在巴黎国际数学家大会上首次提出这些问题时，他认为这些问题的解决将影响20世纪数学的发展。这23个问题具有极高的挑战性和影响力。许多问题的解决推动了数学理论的发展，也为其他学科的研究提供了基础。我想通过这个故事，来说明一个好的问题，除了可以帮助我们获取信息、解决问题，还可以拓宽视野、激发创新。

过去，我们相信，一分耕耘，一分收获。只要努力学习，我一定可以超越我的同伴。但是，在数字经济时代，这个论断可能就不存在了，会变成"一个提问，一分收获"。你会提一个问题，我会提十个问题；你有一个观点，我有十个观点。这才是制胜的利器。

未来发展的方向可能是：马上可以得到正确答案的问题就扔给机器，人类要学会独立思考，分析和评估机器给出的答案是否正确，从而形成自己的见解和观点。这将更有利于我们适应不断变化的环境，并找到创新的解决方案。不断提问将成为人类最基本也最有价值的行为之一。GPT 们既可以是答案的终点，也可以是下一个创新的起点。

归根结底，还是要持续进步，跟上时代节奏。为此，我给出的第四个建议是：一定要持续学习，善用新工具。

我们身边有一些人，从他们大学毕业之后，就再也没有看过一本完整的书。理由很多：工作压力大、空余时间少、静不下心来，等等。而同样有一些人，可能初始学历并不高，但是一直坚持学习，不断地更新知识，接受新兴事物，提升技能，以适应这个不断变化的世界。

对前者来说，他们的学习生涯在走出校园之后就结束了，就像一台优质的手机，从来不充电，慢慢地电量耗尽。而后者则不断积累，知识体系不断更新，最终躲过了人工智能的洗劫。

我有一个朋友和我说，未来属于那些能够跟智能机器协同共处的人。对此我深有同感。我的第一个专业是英美文学，可以从事的工作是翻译，这也是 GPT 们想取代的工作之一。但是，同样从事翻译工作，不善用新工具的小王可能就此失去饭碗，而小李的饭碗却借助 GPT 们更加坚实。因为，小王的价值只有翻译本身，而小李却会借助 GPT 们翻译和润色，通过不断地磨炼使用技巧，从而达到更高质量、更高效率的翻译效果。

法国教育学家安东尼奥·卡西利（Antonio Casilli）在接受法新社采访时指出："每次出现新工具时，我们都开始担心潜在的误用行为，但我们也找到了在教学中使用它们的方法。"在他看来，ChatGPT可以成为学生撰写文章的起点和获得灵感的方式之一，但学生仍需要在此基础上进行创作，并赋予自己的风格。

这就是持续学习，善用新工具的魅力所在：不断调整学习策略、方法和习惯，以提高学习效果。在此过程中，不断地学习新知识和技能，构建自己的知识体系和技能树，反过来还会促进更强的学习力。

2018年，刘慈欣被授予克拉克想象力服务社会奖，以表彰他在科幻小说和启迪人类想象力上的贡献。在领奖时，刘慈欣说："未来像盛夏的大雨，在我们还来不及撑开伞时就扑面而来。"我希望，上面的四个小建议，能成为你面对GPT们来袭的一把雨伞。

如果你的竞争对手有了电，而你只剩一盏灯

在日益激烈的商业竞争中，一些敏感的企业已经察觉到一个不争的事实：人工智能正在逐步成为推动增长、促进创新和提高效率的核心驱动力。市场开盘，算法正在为金融机构做出数百万元的交易决策；供应链管理部门中，预测性分析正在帮助企业在最佳时机采购原材料、优化库存，并降低运输成本；而在营销部门，智能系统正在分析消费者行为，实时为目标受众量身定制广告，提高转化率。

在不久的将来，当企业领导走进会议室，他们的人工智能

助手已经准备好了预测未来销售趋势的分析报告，并提供了基于大数据的战略建议。而在生产线上，机器人正在与人类工人无缝协同，确保产品的高效、精确和持续生产。仓库的自动化物流系统，也在根据即将到来的订单对库存进行动态调整。

在《未来简史》（*Homo Deus: A Brief History of Tomorrow*）一书中，作者尤瓦尔·赫拉利（Yuval Noah Harari）预言，"数据主义"（Dataism）将是人类历史的下一个落脚点。在"数据基座"变得日益坚实的当下，一个普遍的观点正在形成：在一个以数据、算力和算法为核心的时代，传统企业将逐渐淡出，被数字化企业和智慧型企业所取代。简而言之，人工智能技术正在成为推动企业前进的关键动力。

不过，在我观察到的商业运营的实际场景中，许多企业仍然沉浸于传统的运营思维，更倾向于把资金流向购买土地、扩建厂房或者升级机械设备这些看得见、摸得着的固定资产。他们相信，这样的投入能为公司带来直接的收益。例如，一家家具制造厂可能会花费数百万元购买新的木材处理设备，以提高生产效率。

与此同时，当谈及投资诸如企业资源计划（ERP）、自动化物流管理（ALM）、客户关系管理（CRM）、供应链管理（SCM）及远程数据备份这样的关键信息技术和管理系统时，他们却显得犹豫不决，甚至回避。至于整合人工智能来协助公司决策，更是被放到了次要位置。

在《华为数字化转型之道》一书中，华为从认知、理念、实践方法等多个维度分享了它的转型历程。作为典型的非数字原生企业，华为最初是围绕物理世界建立的，缺乏以软件和数字平台为核心的数字世界架构。但他们迅速意识到，企业今天的成功不是未来前进的可靠向导。面对数字化转型的必要性，华为反思："为什么在电商平台上购买一支几元钱的铅笔可以做到全流程可视，而企业之间上千万元的交易履行状态却要客户通过邮件、电话来反复跟催？"基于此，华为坚定地走上了数字化转型的道路。

反观一些仍然沉浸于传统商业模式的企业，虽然它们在短期内可能会看到稳定的增长，但从长远来看，它们将面临更多的市场变革和挑战。如果它们不积极引入先进的管理系统和人工智能技术，无论是在数据采集、资源分配还是市场反应速度上，都很可能步履蹒跚，落后于那些敢于创新的竞争者。

人工智能技术的进步，已开始改变企业的核心运营方式和价值创造。既然人工智能的普及已经成为一个不争的事实，作为企业，有两个亟待解答的问题摆在眼前：如何应对这场技术变革并立于不败之地？如何避免被更早采纳并深度应用人工智能的竞争对手所超越或替代？毕竟，在这个日益数字化的时代，任何技术滞后的企业都可能被更先进、更快速的竞争对手所超越。

相较于纠结和担忧宏观经济的风云变幻，企业更应关注如何借助人工智能技术，优化企业的运营，为企业带来颠覆性的竞争优势。当今时代，单纯的工作岗位被人工智能所取代并不是真正的威胁，真正的危机是企业停滞不前，而那些大量采用人工智能技术的对手则飞速前进，逐渐占据市场优势。

真正需要企业警惕的是：当你沉浸在传统的运营模式中时，那些已经积极运用人工智能技术并取得巨大业务增长的竞争对手正在秘密地颠覆整个市场格局。在这样的趋势下，每一家企业都应该认识到，不是你主导并驾驭这波技术浪潮，就是你会被这波浪潮淹没。

那么，企业如何来积极应对，调整战略，深挖并应用人工智能技术，将其变为企业未来的竞争优势呢？从我的角度看，企业需要开展以下八方面的全面储备：

1. 数据储备。在数字化时代，数据不仅是资产，更是财富。对任何企业来说，持续地收集、整理和分析数据都是至关重要的。像阿里巴巴和亚马逊这样的巨头，正是因为对庞大的用户数据进行深入分析，才能提供更为个性化的服务和产品。企业应建立完整的数据收集、管理和分析体系，确保数据的完整性、准确性和及时性。数据除了能够帮助企业更好地了解用户，还为人工智能模型提供了训练材料，增强其预测和分析的准确性。

2. 技术储备。仅拥有大量数据并不能为企业带来多大好处，除非有足够的技术来解析这些数据并洞察其商业价值。例如，爱奇艺、腾讯视频、优酷视频等视频平台都在通过深度学习算法，为用户提供个性化的观影建议，从而提高用户活跃度。现今，各种先进的算法和技术如深度学习、神经网络已在多个领域得到应用。企业必须不断地学习和更新技术，并与外部技术提供商、研究机构建立紧密的合作关系，确保始终处于技术前沿。

3. 人才储备。技术和数据的增长，意味着企业需要有能力驾驭它们的人才。培养和吸引人工智能领域的专业技术人才至关重要。以百度、阿里、腾讯、京东为代表的大型技术公司都投资于高水平人才，以确保它们始终处于行业的前沿。而对于中小型企业，可能没有足够的资源来吸引这些顶级人才，但它们可以与高校、研究机构建立合作关系，为员工提供持续的学习和培训机会。此外，跨部门培训和交叉技能的提高也可以帮助企业在快速变化的环境中保持灵活性。

4. 算力储备。高质量数据和先进算法都需要强大的计算能力作为支持。例如，大型金融机构使用复杂算法来实时评估信贷风险，这需要巨大的算力。因此，企业需要预见未来的计算需求，并提前进行软硬件的投资和更新。此外，通过与云服务提供商建立合作，企业也可以获得可扩展的弹性计算资源，来确保数据处理速度和效率。

5. 安全措施储备。随着数据和人工智能技术在企业中被广泛应用，安全威胁也相应增加。例如，最近的大型数据泄露事件已经对许多公司造成了严重的财务和声誉损失。为此，企业应确保数据的安全性和隐私性，投入资源开发和采用先进安全技术，防止数据泄露和外部攻击。同时，还需要培训员工意识到潜在的安全威胁，采取预防措施。

6. 伦理与合规储备。随着人工智能技术的深度融入，如何确保企业在利用这些技术时遵循伦理和法律规定变得至关重要。例如，人工智能系统在为用户提供贷款建议时，必须确保其决策是公平、无偏见的。企业需要建立完善的伦理指导原则，跟踪最新的法律要求，定期培训员工，确保其操作合法合规，确保企业活动始终在法律和道德允许的范围内进行。

7. 文化与组织变革储备。随着人工智能技术的引入和应用，企业工作方式、组织结构乃至企业文化都可能需要调整。首先，企业需要培养一个鼓励尝试、容忍失败的创新文化。对于一些传统企业，这可能意味着必须克服固有的抗拒变革的态度。例如，谷歌公司就曾经鼓励员工花费 20% 的时间在个人项目上，带来了诸如 Gmail 等创新产品。其次，企业组织结构可能变得更扁平，以鼓励跨部门合作和快速决策。例如，数据科学家、IT 团队、营销部门应该更紧密地合作，确保数据和技术在整个组织中的流动和应用。

8. 生态系统与合作伙伴储备。在这个高度互联的世界中，单一企业很难覆盖所有技术领域。成功的企业越来越依赖于一个强大的外部生态系统，以填补其技术和资源的空白。企业应与其他同行、供应商、学术机构等建立紧密的合作关系，快速地获取创新资源和市场机会。

我们正站在这个时代的十字路口，每家企业都面临着一个决定性的选择：是跟随技术的步伐，全力拥抱这一变革，还是选择守旧、等待，直至被淘汰？想象一下：一家充分利用上述八个储备策略的企业，将怎样颠覆传统，开创新的市场格局，给用户带来前所未有的体验？购物、娱乐、出行、医疗，每一个领域都有可能因为深度应用人工智能而焕然一新。

当上述一切化为现实，那些仍坚守传统，不愿意拥抱变革的企业，将逐渐被边缘化，被更为敏锐、勇于创新的对手超越。正如法国数字事务部前部长塞德里克·奥（Cedric O）所言："如果你的竞争对手有了电，你可不想只剩下一盏灯。"

真正威胁你的不是人工智能，
而是懂得如何运用人工智能的人

在不久的将来，你每天在工作、生活中，都会跟无数的人工智能和机器人打交道。

每当你的闹钟响起，那并不仅仅是一个简单的时间提醒，而是基于你的睡眠模式、天气情况和即将开始的一天日程为你量身定制的晨起启动程序。

当你走进浴室时，智能镜子会根据你的健康数据为你推荐一天的饮食和运动计划。你的智能咖啡机已经知道你喜欢什么样的咖啡，并为你准备好了。

上班的路上，自动驾驶汽车为你规划了最佳路线，并在路上为你播放你最喜欢的新闻和播客，同时还为你预约了午餐。到了办公室，机器人助理已为你整理了一天的任务清单，分析了最紧急的邮件，并预测了可能的工作任务及解决方案。

人工智能会慢慢地成为我们工作和生活的无形伴侣。当你在线挑选一本书或预订机票时，有一只隐形的手在为你推荐；当你提交一份求职申请时，可能是一个算法决定你的面试机会；当你急需一笔贷款时，背后的系统评估着你的信用；甚至在医院里，诊断建议和治疗方案也可能是机器深度学习的成果。

随着人工智能的广泛渗透，它已经不再是一种选择，而是一个时代的必然趋势。作为个人，我们不能单纯地站在岸边观望，而应深入其中，理解、学习并掌握这项技术。我们不仅要思考如何运用这一技术，更要探索如何将其与我们的核心价值相结合，创造出无法被简单替代的独特优势。

彭博社前专栏作家诺亚·史密斯（Noah Smith）与知名人工智能研究员罗恩（Roon）提出了一个独特的人工智能与人类合作的构想，被称作"三明治模式"。在这种合作模式中：

人类提供方向。这如同三明治的第一片面包，为整个工作流程奠定了基础。人类根据需要给出一个初始的提示或方向，为人工智能设定一个明确的任务。

人工智能提供选择。就像丰富多彩的三明治馅料，人工智能基于人类的提示生成一系列选项。这些选项可以是文本、视频或其他任何形式的内容，为人类提供多样化的解决方案。

人类进行决策。最后，如同三明治的另一片面包，人类从提供的选项中进行选择，再根据自己的需求和判断进行编辑和优化，确保最终的输出达到所期望的标准。

史密斯和罗恩坚信，"三明治模式"不仅能够提高工作效率，更可以让人工智能的应用更具针对性，更符合人类的实际需求。罗恩特别强调，为了不落后于时代，无论处于哪个行业，每个人都应该时刻关注，并掌握自己专业领域中人工智能技术的最新进展，以确保自身在与人工智能的合作中保持主导地位。

我们经常会听到这么一句话："真正威胁你的不是人工智能，而是懂得如何运用人工智能的人。"从这个视角出发，可以对 AI 这个词汇进行重新解读，原本代表"Artificial Intelligence"（人工智能）的 AI，更可以被视为"Amplification Intelligence"（增强智能）的缩写。

2022 年，微软的 GitHub 推出了编程助手 Copilot，标志着编程领域的一个巨大转折。现在，随着 GPT-4 的加入，微软再度推出更新更强大的代码生成工具——GitHub Copilot X。这一创新为开发者打开了一扇大门，只需简单指示，代码便可以生成。

目前，除了编程领域的 Copilot，我们还看到了"律师 Copilot""医生 Copilot"和"设计师 Copilot"的出现。Copilot 的名字直译是副驾驶，这预示着在不久的将来，无论哪个行业，都可能有一个人工智能"副驾驶"在背后提供强大的技术支持和协助。

那么，作为个体，我们如何做好充分的准备，在人工智能的浪潮中找到自己的位置，不仅成为这场变革的参与者，更成为其共创者和受益者呢？

1. 持续学习新知的能力。著名的未来学家阿尔文·托夫勒（Alvin Toffler）说过："21 世纪的文盲不再是不能读写的人，而是那些不能持续学习、舍弃旧知后再次学习的人。"这表明知识和技能的寿命，在我们所处的时代正在缩短。我们不能停留在曾经的成就或知识上。反而，我们必须培养出一种"永久初学者"的态度，始终保持对新知的好奇和探求。

过去，大多数人完成学业后便开始了所谓的"稳定工作"，但在今日，稳定只是相对的。以前的技术变革可能是按部就班的，现在却是突飞猛进。这就要求我们不仅要在技术洪流中找到自己的位置，更要能够适应和驾驭这些变化，解决那些我们之前从未面对过的问题。我们要变得更加敏捷，更加开放，能够拥抱，甚至庆祝这种变革。

当然，这并不是说我们需要变得"全能"。而是要学会找到自己的定位，识别那些对自己真正有价值的技能和知识，并持续地进行更新。例如，不是所有人都需要成为编程专家，但了解最新的数字技术、知道如何保护自己的数据隐私、如何鉴别真伪信息、如何在数字化时代下做出明智的决策，已经变得至关重要。

2. 拥抱跨学科学习。跨学科学习能够丰富我们的知识体系，为我们打开一扇更宽广的视野之门。每个领域都有其独特的思考模式和知识体系，当这些体系相互交织，创新和进步往往应运而生。例如，生物学的知识可能对医学有所启示，而艺术与数学之间也可能存在未知的联系。同样，对哲学、人类学或社会学的理解，能够加深我们对技术、经济和社会变革的洞察。因此，我们不但要在自己的专业领域钻研，还要广泛涉猎其他学科，增强我们的认知和思考能力。

随着人工智能技术的进步，很多单一学科内的任务都可能被自动化。但是，跨学科的整合和创新仍然需要人类的直觉、情感和经验。例如，在设计一个新的产品时，结合工程学、设计学和心理学的知识，会使产品更符合人的使用习惯和审美。

人工智能虽然在很多领域有强大的计算和分析能力，但它往往是基于单一领域的数据进行运算。当我们掌握多学科知识，就能够跨领域思考，连接不同学科的信息和逻辑，从而产生创新的解决方案，这是单纯依赖人工智能所难以实现的。

3. 培养批判性思维与创造性能力。人工智能在处理规范化和重复性任务方面具有明显优势，但人类在创造性和创新思维上仍有无可替代的地位。我们应当强化这方面的能力，让自己与人工智能在工作中形成有益互补。创新并不只是发明新技术或创作新产品，它也包括对问题的新颖看法、提出新的解决策略，以及为现有问题找到更有效的解决方案。

拥有批判性思维的人，能够深入分析问题，提炼出新颖的见解，以及权衡不同解决方案的优劣。批判性思维是一种分析、评价和推理的能力，它可以帮助我们判断人工智能技术的判断是否合理。当我们将这种人类的深刻思考与人工智能的强大计算结合，可能会迸发出意想不到的突破和创新。

4. 加强人际交往软能力。在人工智能技术浪潮下，很多硬技能逐渐被机器取代，但人的情感、直觉和人际关系的建立仍然是机器所不能触及的领域。这就是为什么我们必须强调软技能，特别是人际交往能力的重要性。

人际交往能力不仅关乎我们如何与他人沟通，更关乎我们如何理解他人，如何建立信任，以及形成真挚的人与人之间的情感纽带。一个卓越的团队不仅基于其成员的个体技能和经验，更依赖于团队成员间的协同和深厚的信任基础。

成功的沟通不仅仅是说话，更多的是倾听、感知他人的情感，以及适时地给予反馈。这样的沟通是机器难以达到的，因为这样的交流依赖于人类独特的情感和经验。未来职场将更加强调团队之间的协作和跨部门协同工作。在这种背景下，展示优秀的人际沟通技巧、敏锐的情感洞察力和深刻的人性理解，将成为职场人在人工智能时代的显著竞争优势。

5. 建立人机协同的新观念。我们必须认识到，人工智能不是要取代人类，而是与我们形成强大的协同效应。人工智能的存在意味着将大量重复、枯燥和数据驱动的任务自动化，从而释放我们去专注于更具创造性、策略性和人性化的工作。

我们需要摒弃那种"机器与人竞争"的旧观念，转而拥抱一种"机器与人合作"的新思维模式。这意味着，我们要有清晰的认知，即人工智能是为了辅助我们、加强我们的能力，而非取而代之。同时，通过持续学习和实践，掌握与其协作的最佳方法。例如，设计师可以利用它来进行数据分析，从而更好地了解用户需求；医生可以通过它来协助诊断，提高准确性；而教育工作者则可以借助它来定制化学生的学习路径。

最终，我们要树立的观念是：人工智能为我们打开了无数的可能性，但如何最大化开发其潜力，仍取决于我们自己的创意、策略和人性洞察。在这个时代，最成功的人，将是那些能够与人工智能形成有机协同，共同创造更大价值的人。

展望未来，人工智能将更加深入地渗透到我们的日常生活和工作中，而它带来的不仅仅是技术的变革，更是一场对人类思维方式和工作习惯的深刻革命。但是，正如历史上每一次技术革命都强调的那样，技术的力量始终取决于我们如何使用它。在这个日益智能化的时代，真正的力量，并不仅仅来自先进的算法或强大的机器，而是来自我们人类自己——那种不断探索、永不停歇的创新精神，以及与他人建立真实连接的能力。这将是我们在人工智能时代真正的竞争力和无可替代的价值所在。

家用电器是人工智能的延伸

清华大学中文系汪民安教授在《论家用电器》一书中写道："室内的电器将我留在家中至关重要。它们完全可以满足我的要求：空调会驯服室外灼热的阳光；手机可以排遣我的孤独；电视和电脑可以让我的好奇心得到满足（我对外面发生的事都了然于胸）；而洗衣机、冰箱和煤气灶，使得我可以毫不费力地进行简单的衣食再生产。"

电视机、洗衣机、冰箱、空调等号称"老四样"的家用电器，在 20 世纪七八十年代，象征着现代生活，极大地改变了我们的生活方式。家用电器，简称家电，它意味着那些依赖电力运作，能协助我们处理日常琐事的器具。在电力普及之前，我们曾在昏暗的油灯下度过漫长夜晚，用手洗衣服，用扇子抵御酷热，靠着生火取暖、烧水、做饭等。然而，随着家用电器的出现，一切都变得不同。插上电源，明亮的灯光就会照亮我们的房间，空调带来的清凉使我们感到舒适，冰箱帮我们保存食物的新鲜……到如今，我们几乎无法想象没有电力的世界是什么样的。

随着互联网的普及和发展，家用电器开始接入互联网，这时候，家用电器变成了家用网器，除了插上电源，这些设备还需要联网才能发挥全部功能。家用网器可以通过网络进行远程控制，实现信息的传输共享和设备的联动。智能空调就是一个很好的例子，我们可以通过手机 App 进行远程控制。家用电器的网络化，不仅大大拓展了设备的应用范围，也提升了使用便利性。原来的电视机，依赖的是电视天线或机顶盒。而现在我家的小米电视，光有电是看不到好的电视节目的，还需要第一时间联网，才可以有更加丰富多彩的节目选择。

随着人工智能和机器学习技术的发展，家用电器不仅仅是家用网器，还在逐渐进化为家用智能器。马歇尔·麦克卢汉（Marshall McLuhan）曾说："媒介是人的延伸。"而在我看来，家用电器就是人工智能的延伸。它们不仅具备电力驱动和网络连接的特性，更加载了人工智能算法，从而可以自动感知空间状态（如扫地机器人）、家电自身服务状态（如智能灯具）、自动控制及接收用户在住宅内外发出的指令（如智能音响、智能冰箱、智能电饭煲、智能空调等）。

家用智能器的独特之处在于，它能实现主动智能。它能主动学习、适应人类，而不是被动地等待操作。全面智能化将是未来家用电器发展的首要趋势，这意味着家用智能器具备更高级的自主学习和自我优化能力，在大量用户数据的基础上，家用智能器能进行大数据分析，从而为人们提供智能服务。在家用智能器中，我们可以看到人工智能、云计算、数据管理、边缘计算、区块链、机器视觉、体感交互等先进技术的身影。

在物联网时代，家用智能器和传统家电不同，它不再是一个独立存在，而是互相兼容，在同一个平台上数据交流和共享，融入各种生活场景中。例如，当用户在电商平台购买了新的健身设备和运动装备，智能衣柜可以自动识别并储存这些新购物品信息。当用户运动时，智能衣柜可以根据运动计划，如户外跑步或瑜伽练习，自动推荐最合适的装备搭配。同时，家中的智能健康管理系统可以根据这些运动类型和强度，推荐最适合的运动前热身和运动后拉伸动作，甚至联动智能冰箱和烹饪设备提供运动营养餐。这样，用户就能在家享受到从健身装备搭配到健身指导再到餐饮建议的全程无缝智能服务，让健身这个场景更高效，更轻松。

我们再以洗衣这一日常生活场景为例，用户常常会遇到如下困扰：一方面，他们在选择洗衣和护理程序方面感到困惑，导致洗涤方式不够科学；另一方面，他们对于洗涤剂的投放量把握不准，这可能对衣物造成损伤，甚至对环境造成污染。此外，许多人在衣物清洗后不会对衣物分类整理，使得衣物难以按需使用，衣到用时方恨少。

为了解决以上问题，围绕给用户一件干净衣物的全流程生态，洗衣机制造商便提出用"衣联网洗衣先生"来作为解决方案。他们和服装制造商合作，给每件衣服先植入 PIoT（Passive IoT，无源物联网）标签，用以记录衣物的品牌、颜色、尺寸等信息。当衣物被放入洗衣机后，借助射频识别技术（Radio Frequency Identification，RFID），自动识别衣物标签，并根据标签上的信息来自动匹配洗涤程序。洗衣机内置的传感器还可以识别衣物的污渍程度，并自动调节水量和洗涤剂用量。例如，洗衣机识别到西服，就会自动匹配精华湿洗程序。同理，衣物洗涤完成进入烘干机时，衣物标签会再次被烘干机识别，并自动匹配。例如，羊毛大衣自动匹配暖衣除潮程序。

在衣物搭配环节，智能穿衣镜能够创建用户的虚拟形象，根据身高、体重和出门场合等因素，每天为用户推荐最为适宜的穿搭。服饰的选择和搭配不再需要用户手动逐一尝试，而是由智能穿衣镜和数字衣柜联动完成。用户在试衣镜中选择好穿搭后，数字衣柜相应存储区域的灯就会亮起，方便用户取衣。

这其实就是家用智能器的第二个趋势——个性化定制。随着用户对个性化需求的不断提升，家用智能器将根据每个用户的喜好、习惯等因素，为其提供定制化的服务。

智能冰箱可以根据每个家庭成员的饮食习惯推荐健康菜谱，并根据所需食材生成购物清单；智能音箱会依据用户的听歌习惯和喜好推荐歌曲；智能空调可以自动调节室内温度以符合用户的舒适温度偏好；智能照明系统能根据用户的生活习惯、时间和环境，自动调节室内光线亮度和色温，允许用户根据自己的喜好设定各种场景模式，如阅读模式、电影模式等。

想象未来，家用智能器带来的一天也许是这样的：每天，房间的各类智能设备，如新风系统、香薰系统、照明系统等，能为用户提供适宜的温湿度、气味和光线，自动感应并适应各种情况，包括昼夜更替、起床和睡觉等。同时，卫生间的智能设备如热水器、马桶、魔镜等，通过人脸识别和健康监测，提供私人定制的沐浴场景和健康咨询，甚至一键购物和试妆。晚上的休闲时光，房间内的隐藏式音响和电视机会自动降下，窗帘和灯光也会配合联动，开启观影模式，使用户在家就能体验到电影院的沉浸感。所有设备可通过语音、手势或手机应用操作，让生活变得更轻松愉快。

当然，现阶段的家用智能器还无法做到完全智能化，或者说只是为了智能而智能。有人吐槽买一个品牌的智能化电器，就要在手机上下载一个 App，切换操作，非常烦琐。我的家人就强烈反对安装电动窗帘，他们最担心的就是窗帘突然抽风，晚上还在睡觉的时候，窗帘就自动打开了。如果生活中真的到处充溢着家用智能器，那么我们是否会面临一种反乌托邦的未来场景——所有物体都在向我们发出刺耳的声音，传递无用的信息？

2022 年 8 月，科技部印发《关于支持建设新一代人工智能示范应用场景的通知》，提出针对未来家庭生活中家电、饮食、陪护、健康管理等个性化、智能化需求，运用云侧智能决策和主动服务、场景引擎和自适应感知等关键技术，加强主动提醒、智能推荐、健康管理、智慧零操作等综合示范应用，推动实现从单品智能到全屋智能、从被动控制到主动学习、各类智慧产品兼容发展的全屋一体化智控覆盖。

时代洪流不断推进，家用电器经历了一次又一次革命性变革，从单纯的电力驱动，到联网的信息交互，再到如今的智能化革新，经历了从家用电器到家用网器，再到家用智能器的演进过程，也经历了从用电到用网，最后到用智能（算力）的变革。

这一演进过程，不仅见证了科技在改善人类生活方面的巨大贡献，也反映了人类对于生活质量提升的不懈追求。展望未来，家用智能器将犹如家庭生活的导演，打造一场场丰富多彩的生活剧场——精准洞察需求，以匠心独具的创新为我们带来更加个性化、舒适的生活体验，甚至如诗人般灵动，描绘出一个充满未知魅力的智能生活图景。

往生者社交，是脑洞大开还是空中楼阁？

　　B站大热电视剧《三悦有了新工作》，讲述的是95后赵三悦在家躺平一年后，阴错阳差来到殡仪馆担任遗容化妆师后发生的一系列故事。剧中经常会用到一个词语，叫作"往生者"，作为殡葬行业从业者对于逝者的尊称。我觉得"往生者"这个词语很有意思，搜索了一下，原来佛教里面将人的死亡叫往生，意思是这一期生命的结束，代表下一期生命又开始了。

　　长久以来，我们的认知是：死亡是所有生物体生命的终点。但这是在描述传统生理意义上的死亡，或者说，是碳基生命的终结。随着数字化进程的加速，预计在未来几十年后，人类与机器、虚拟与真实、线上与线下、碳基生命与硅基生命的区别，会逐渐消弭。从长远看，一些未知的新技术会超越我们的既有认知，把我们从生与死的限制中解放出来。

在这里，我想和你先分享两则旧闻。

第一则就发生在 2022 年 10 月，AI 播客（podcast.ai）最新的一集播客中，美国知名主持人乔·罗根（Joe Rogan）和已故的史蒂夫·乔布斯（Steve Jobs）进行了一场 24 分钟的对话，讨论的内容包括乔布斯在里德学院读书时的趣事、对 Apple Newton（苹果公司 1993 年制造的世界上第一款掌上电脑）的看法、技术是一把双刃剑，等等。

这集播客听起来是不是有些毛骨悚然？这是来自天堂还是坟墓的声音？事实上，AI 播客是一个完全由人工智能制作的播客，无论是主持人，还是被访嘉宾，都是机器合成的观点和声音。AI 播客通过乔布斯的传记和收集网络上关于他的所有录音，用 Play.ht 的语言模型大量训练，最终生成了这段以假乱真的虚拟乔·罗根对虚拟乔布斯的采访。

另一则新闻是关于国内首场数字宇宙中的跨时空葬礼。2022 年 1 月 20 日，中国科学院院士、国家最高科学技术奖获得者吴孟超院士和他夫人吴佩煜教授的追思暨安葬仪式，在上海福寿园举行。在这场追思会上，通过数字技术复刻了吴院士的音容笑貌，在场的院士学生，一起工作的医护人员再次与吴老时空对话，吴院士还问道："现在医院看病和手术的病人多不多，护士的待遇有没有提高，大家都好吧？"这一番问话，令现场的人员无不激动落泪。

同日，数字互动纪念馆——"吴孟超院士数字纪念馆"也正式开馆。我也去访问了这个三维虚拟空间并留言寄托哀思，正如数字纪念馆的设计者所说："不再限于一张纸、一块碑，我们来到数字纪念馆，只需弹指之间，让我们走进吴老的肝胆人生，也让他的世界走进你我。"

我还注意到，作为行业领先的互联网追思平台——思念堂（siniantang.cn）——的联合创始人邓支航，在一次接受媒体采访时表示："思念堂以网上祭祀应用作为入口，未来将致力于让逝者在数字世界复活。借助 AI 技术让虚拟逝者和生者能够达到一定程度的还原生前互动场景，力求让生者感受到逝者并不是长眠于地下，而是去了另外的维度空间，仍在和我们这个世界保持联系互动。"

上述两则旧闻，让我有了一个异想天开的想法：通过科技赋能，未来是不是会出现一种新的商业模式，姑且称之为"往生者社交"（这是我杜撰的词语），即那些逝者可以借助数字化的手段，重新通过虚拟数字人的模式，回到现实空间，实现逝者与生者的跨时空交往。

这个念头，听上去是不是特别像科幻电影的一幕？的确，在英剧《黑镜》（*Black Mirror*）第二季中，就有一集名为《马上回来》（*Be Right Back*），探讨了这种"亡者社交"。女主角在男友死后，得到了一个基于男友在各种数字应用中留下的数据足迹所生成的人工智能，它能够逼真地模仿男主人公生前的思维习惯和语言方式，最后还以人形机器人的形态作为 AI 替身，逐渐融入女主生活。不过，最终女主却无法适应，而把它关在阁楼里。

看到这里，你一定会反驳：这些都是科幻小说或者科幻电影里面的场景，怎么可能在现实社会中发生？甚至还要成为一种商业模式？即使上述提到的乔布斯播客和吴孟超院士的案例，也是极不寻常的个案，所以才会成为新闻。

的确，一直以来，科幻总是比现实领先一步，但科幻的想象力、反思力有助于我们打破固有思维，找到未来商业发展的新业态、新模式和新范式。科幻不等同于未来，但它能给现实一束光，照亮前行的道路。新技术正在浮出水面，使以前不能做的事情可以做了，使已经能做的事情变得更加简单。

我想先简单解释一下"往生者社交"的技术可行性。最大的时代背景就是：今日世界，融合已经成为大数据发展的最大特征和价值所在。越来越多的人类活动已经作为数据被捕捉、记录，进而汇聚、分类、存储和处理。我们每天去哪里、做什么、买什么、吃什么、说什么、和谁说、写什么、阅读什么、喜欢什么、如何工作、何时何处睡觉，甚至我们内心深处的理想和愿望，都转化为数据并被数字化。

我们这一代人，每 10 分钟产生的信息量就等同于最初一万代人创造的信息量总和。[1]2000 年，数字存储信息仍只占全球数据量的 1/4。如今，这一比例已经超过 98%。[2]究其原委，主要有以下五个因素促进了这一过程。

第一，人类越来越多的社会活动通过数字系统或者数字平台展开，可供汇聚分析的数据在日益增多。

第二，存储数据的成本每两年就减少一半，存储密度却增加了 5000 万倍，[3]保存数据比丢弃数据更加容易。

第三，算力的爆炸式增长使我们有充裕的能力处理存储的数据。

第四，算法的优化完善使我们能以前所未有的效率来使用这些数据。

第五，数据的复制几乎没有边际成本，数据交易也在成为现实。

早在 2007 年，谷歌就承认它保存了用户输入的每条搜索记录和搜索结果。谷歌每天处理的搜索量超过 35 亿次，每秒

1　数据来源：Marc Goodman, Future Crimes: A Journey to the Dark Side of Technology—and How to Survive It (London: Bantam Press, 2015), 85.

2　数据来源：Kenneth Cukier and Viktor Mayer-Schönberger, 'The Rise of Big Data', Foreign Affairs, May/June 2013, https://www.foreignaffairs.com/articles/2013-04-03/rise-big-data.

3　数据来源：[英]维克托·迈尔-舍恩伯格、[英]肯尼思·库克耶，大数据时代，盛杨燕、周涛译，浙江人民出版社，2013。

回答 3.4 万个问题，每天有超过 15 亿人在谷歌上输入各种查询，有 18 亿 Gmail 邮件用户发送和接收 3196 亿封电子邮件。这些海量数据足以使它有能力"构建下一代的突破性人工智能解决方案"。

2020 年 6 月，在训练约 2000 亿个单词后，史上最强大 AI 模型 GPT-3（OpenAI 研发的第三代人工智能语言模型）发布之后，曾经有一个 AI 假扮人类在新闻网站红迪网（Reddit）上泡了一周的论坛。它以每分钟发布一条信息的频率，发表了一系列令人印象深刻的回帖，谈论了自杀、骚扰、移民、种族主义、阴谋论等各种话题。最后败露的原因，是因为它回复的速度实在太快了，超出了常人所能。

其后，腾讯也推出了微信版的大规模语言模型"Well-Read Language Model"（WeLM），这是一个百亿级别的中文模型，能够在零样本及少样本的情境下完成对话、采访、翻译、改写、续写、阅读理解等任务，并具备记忆和自我纠偏能力。通过这个模型，可以实现用计算机语言训练并攻克人类的对话沟通问题。我按照导引，在已经开放的线上 Demo 版体验了一下写作和文本续写功能。

我举出这么多案例，无非是想证明一点：通过数字科技，把往生者数字化，重新复制回到现实世界，在技术上是可行的。用威廉·福克纳（William Faulkner）的话来说，在未来，"过去永不消逝。过去甚至还没有过去"。

那么，你还是会追问：为什么要这么做呢？这么做的目的是什么，它的意义何在？我想从企业和个人两个维度来试着回答。

先从企业说起吧。我们都清楚，互联网平台经济竞争，最终都会落在用户数量和用户使用时间上。所有的衍生商业产品，都要有一个巨大的用户数量作为保障。2018年，脸书（Facebook）公司做过一项统计，利用那个时点的资料（已有19亿脸书用户和全球人口统计数据）计算得出：到21世纪末，将有多达13亿用户去世，而且逝者人数还会大幅增长。如果脸书公司继续以每年13%的速度吸引新用户，并且保留逝者资料，那么到21世纪末，网站上的36.8亿个人页面将成为纪念页面（Legacy Contact）。也就是说，这是一个上亿级别的用户数量，甚至有可能超越生者的用户数量。如果可以被开发的话，无疑是一个蓝海市场。

英国死亡社交（DeadSocial）公司已经针对这一趋势推出了线上平台，让用户可以建立一个特别的社交页面，作为自己的"死后账户"，在云端留住爱和回忆。目前，用户可以通过平台提前编辑好自己的离世消息，录制告别视频；也可以提前编辑好祝福信息，指定在自己离世后的每年或是某一特定时刻发送给自己的亲朋好友。

从个人维度来看，目前的技术已经可以通过输入过往的言论与聊天记录，模拟出一个和逝者高度类似的聊天机器人。你可以和去世的亲人经常对话，回忆一些生活片段。这样的科技赋能，或许能做到记忆永不消退。过年的时候，你可以问问在数字天堂的老母亲虚拟人：我们家庭过年的习俗是什么？我小时候吃过的年菜怎么做？这种感觉，就像百度网盘中的照片"故事服务"，会有"往年今日""重温旧时光""周末回忆"等智能整理服务，经常会主动提醒用户去回忆一些画面，如同它的宣传文案："有些画面也许你已忘却，但我们会为你珍藏，故事仅你可见。"

动画片《寻梦环游记》（Coco）里面有一句台词："真正的死亡是世界上再没有一个人记得你。"只要你不被家人遗忘，那么你永远不会死去。在过去，当一个人逝去，他的特定体态就此不见踪影，他的特色肢体动作也就此杳如黄鹤，我们将无法再见到他的面部表情、肢体语言、手腿动作等任何一种表现形式。去世多年后，逝者的音容笑貌会逐渐被忘记，哪怕是再亲的亲人，也只能回忆起一毛片甲。现在，数字化带来的变化，会让逝者更完整地保存自己活着时的状态，甚至可以通过虚拟人技术，再造一个逼真的亲人，和你面对面交流。

美国死亡和社会中心的约翰·特罗耶（John Troyer），设想了一种"未来墓地"：你可以戴着 VR（Virtual Reality，虚拟现实）设备穿过虚拟墓地，在路上还能遇到"复活"的祖先。西雅图的一家墓碑公司，正在生产可嵌入二维码的花岗岩墓碑。他们的网站明确地将二维码关联网页的服务，定位为脸书公司的纪念页面，当你把手机的摄像头对准一块看起来非常普通的墓碑时，就能像游戏"精灵宝可梦"一样，在屏幕上弹出逝者的纪念网页，你可以照常在页面下与逝者说话，好像他们并未死去，而是在天堂接收我们的讯息。

对一个家族来说，也许还会出现数字化家谱的服务。几百年之后，也许就不需要考古这个学科了。以后的历史学家，如果需要了解一个家族的兴衰史，只需要向人工智能提出请求，人工智能就能帮他们做归纳整理。同样，如果某个后代想要知道他的祖先在 18 岁的时候是什么状态，也可以求助数字化家谱。

对今日数字世界的原住民来说，他每天储存的数据和日常移动、购物行为、工作和生活排出的"数字尾气"（Digital Exhaust），都可能被无差别地存档，而且都是以数字形式留存。他的聊天记录、消费记录、健康数据等，哪怕过了数百年，依然可以被考古出来。就算现在留下的数字足迹中，只有 1% 被保存了下来，未来的人类在发现它们时，仍可以详尽地了解这个人的生活习惯，毫不费力地感受他的独特个性。臧克家的那句诗"有的人死了，他还活着"，正在成为可实现的现实。

好了，既然技术可行，企业有利可图，个人也有现实需要，那法理上是否允许呢？这的确是一个正在被讨论和验证的好问题。

首先，我们要定义哪些逝者数据可以被利用。许多学者先后发表了各种论文，来论述数字遗产多种多样的表现形式，以及复杂的所涉法律关系。例如，学者萨曼莎·哈沃思（Samantha D. Haworth）曾发表过一篇论文，将数字遗产分为四类：访问信息、有形数字资产、无形数字资产、元数据。也有学者根据账户性质将数字遗产分为财政账户、邮件账户、社交媒体账户、数字媒体账户、奖励账户、云储存账户、线上游戏账户、商业账户。

其次，一些平台公司已经推出了数字遗产服务。2021年12月，苹果公司的 IOS 15.2 系统上线了一个新功能——数字遗产。在 Apple ID 的"密码与安全性"一栏中，现在就可以看到遗产联系人的选项。添加联系人之后，iPhone 会给联系人发信息，联系人收到信息后会自动保存一份访问密钥。但联系人当前无法使用，需要给苹果公司提交原用户的死亡证明后才能获得访问权。经审核验证后，该联系人就可以在该用户去世后，访问其储存的数据：iCloud 照片、备忘录、邮件、通信录、日历、提醒事项、通话历史记录、iCloud 云盘文件、健康数据、语音备忘录、Safari 浏览器书签和阅读列表等（付费内容除外）。这让我想起之前看到的一个段子，有人问："如果我死了，我的五位数 QQ 账号可以给我儿子吗？"

全球首个元宇宙墓地（Metagrave）官网上线后，我去访问了一下这个网站，做得相对有些粗糙。不过，理念还是比较前卫的。他们认为：未来，线上殡葬行业是一条大赛道，葬礼和墓地会搬到线上，元宇宙祭扫有望取代传统扫墓，祭祖也不再是特定时期。在 Metagrave 这个平台上，人们可以与死去的亲朋好友进行虚拟现实互动，通过 AI 技术再现逝者的大脑意识和记忆存储。这不禁让我想到了另外一部美剧《上载新生》(Upload)，人的机体消亡后，大脑信息载入云端，开启了一个崭新的数字生命，意识不灭，感觉永存，逝者与生者不再阴阳两隔。

还是说回本节开头提到的《三悦有了新工作》吧，也许十年，也许二十年，真的会有数字殡仪馆、元宇宙墓地、往生者俱乐部等新兴产业，到那时候，年轻的三悦们会有一个个新职业，不过，不再是遗容化妆师，而是数字遗产整理师、数字遗产规划师，乃至往生者数字虚拟人服务师。

不过，生命原本是一场无法回放的绝版电影。如果这场电影可以回放，慢放，甚至可以重新剪辑的话，你是否会愿意接受数字永生？抑或，当新技术重新定义死亡，提供时代红利的同时，会不会也附赠额外的危险，比如，会不会多了一些"数字僵尸"？

数字疗法：写代码也可以做医生

如果你生病了，我让你列举一下医生会有哪些治疗方案，你会给我哪些选项呢？

1. 药物治疗：医生会根据病情给我们开具一些药物来治疗疾病。这些药物可以是口服药、注射药或外用药，根据疾病的不同，药物的种类和剂量也会有所不同。

2. 手术治疗：对于某些疾病，如肿瘤、器官疾病等，可能需要进行手术治疗。医生会根据病情决定是否需要手术治疗，以及手术的具体方式和时间。

3. 物理治疗：对于一些需要恢复肌肉、骨骼等功能的疾病，医生可能会建议进行物理治疗，包括理疗、按摩、推拿、针灸等。

4. 放射治疗或化疗：对于某些癌症类疾病，可能需要采取放疗、化疗等治疗方式，以达到杀灭肿瘤细胞的目的。

这些治疗方案，即使你没有亲身体验过，相信也有所耳闻，或多少了解一些。但是，你是否听说过数字疗法？如果你生病了，医生除了给你打针吃药，还会开处方，让你去下载一款手机应用（App）用于疾病治疗。手机应用也将成为一种药物形式，或单独存在，或与传统药物相结合，带来更高效、更个性化的治疗方式。

这听上去有些像天方夜谭，但作为一种新的治疗方法，"数字疗法"（DTx，Digital Therapeutics）已经开始受到医疗行业的高度关注，并成为热议话题。

你一定会问：什么是数字疗法？目前有哪些数字疗法的成功案例？和非数字疗法相比，数字疗法到底有哪些好处？我想试着和你来讨论这些问题。

国际数字疗法协会给出的标准名词解释是：数字疗法是由高质量的软件程序驱动的疗法，提供基于循证的疾病或症状的预防、管理或治疗干预；可独立使用或与药物、设备及其他疗法配合使用。

这里面有几个关键词语。"软件驱动疗法"，数字疗法是以软件应用程序的形式出现的。"配合或独立使用",数字疗法有两种技术方向,第一种是扩展传统药物治疗价值的疗法,例如,通过配套软件提供药物依从性管理和个性化治疗建议,帮助患者管理病情,包括告知服用药物的时间和剂量;第二种是取代传统药物的疗法,如通过平板电脑传递感官刺激来治疗失眠或抑郁症。"预防、管理或治疗干预",数字疗法是利用数字技术和移动医疗技术,提供特定的医疗干预措施,以改善患者的健康状况、治疗疾病或帮助管理慢性病的一种医疗模式。

数字疗法,这一概念从提出到兴起,至今不过才六年多的时间,远快于医疗其他细分领域。

2017 年,美国食品药品监督管理局(FDA)首次批准了一种名为 De Novo(脑神经系统治疗软件)的数字疗法,该数字疗法由 Pear Therapeutics 公司开发,用于治疗阿尔茨海默病(Alzheimer's disease,AD)和阿片类物质使用障碍(Opioid use disorder,OUD)。

De Novo 数字疗法基于认知行为疗法和电子游戏的原理,采用虚拟现实和计算机技术,通过视觉和听觉刺激对患者进行神经行为治疗。对于 AD 患者,该数字疗法旨在帮助他们改善注意力和执行功能,对于 OUD 患者,则旨在减轻他们的戒断症状和强迫性用药行为。FDA 批准该数字疗法,是因为临床试验表明,它可以显著改善 AD 和 OUD 患者的症状,且安全性良好。

De Novo 数字疗法的批准，标志着数字疗法作为一种新型治疗手段，正式进入了医疗领域。在过去六年内，部分国家已针对数字疗法进行了多方面探索。其中，德国和美国各批准了约 25 个数字疗法产品。德国医疗器械审批目录中，还专门为数字疗法开设了数字健康应用（DiGA）目录。

在这里，我想和你再分享一个数字疗法的案例，这是第一个也是目前唯——款适用于注意缺陷多动障碍（俗称多动症）儿童患者（Attention deficit and hyperactivity disorder，ADHD）的数字治疗游戏（EndeavorRx）。

2020 年 6 月 16 日，美国 FDA 宣布批准 EndeavorRx 游戏为处方疗法。这款游戏由 Akili Interactive 公司开发，目前只能通过医生处方获得，适用于 8—12 岁患有注意力不集中或组合型多动症儿童。处方内容就是从网上下载 App，让孩子玩这款可在 iPad、iPhone 上运行的游戏。目前建议的治疗周期为 1 个月，每周 5 天，每天 30 分钟。

由于多动症儿童很难安静地坐在那里听从医生教导，所以，一款能够吸引他们注意力的视频游戏可能是最有益的处方。EndeavorRx 作为一款动作类游戏，儿童需要在游戏中一边控制划船方向，一边打怪兽，完成各项挑战。这些设计和操作看似简单，但在游戏研发过程中，开发团队会同时扫描和监控被试儿童患者的大脑区域，观察哪些游戏操作会激活大脑对应区域，从而确保游戏以特殊的方式对大脑前额叶皮层施加刺激，对儿童进行神经行为治疗，以改善其认知和注意力功能。

目前，EndeavorRx 仍需在医生的监督下进行，并与传统的药物治疗和行为疗法结合使用，因此还不能完全代替药物治疗，成为儿童多动症的主流治疗方式。但是，它的安全系数很高，作为一种非药物治疗，为患者提供了一种新的选择。同时软件还可以根据每个患者的表现进行个性化的跟踪和改进，提高治疗的针对性和效果。

为此，上海数药智能科技有限公司（数药智能）也开发了"注意缺陷多动障碍（ADHD）数字疗法系统"，用于儿童多动症筛查及辅助治疗。

数药智能的网站介绍显示，他们的数字疗法主要有四大特性。

第一，自适应闭环训练，确保训练难度始终处于最佳效果区间，及时有效反馈训练。

第二，针对6—12岁儿童定制，游戏形象卡通生动、色彩明亮、轻松愉悦，患儿接受度高，让治疗更轻松舒适。

第三，利用算法控制游戏进度和节奏，防止患儿电子游戏成瘾。

第四，专业的后台数据算法，有效量化患儿的专注力变化情况，便于医生远程监控，有助于定制精准康复计划。

慢性疼痛是数字疗法发展的另一个新的领域。慢性疼痛一般指某个部位长期的中度至重度疼痛，可能会抑制日常活动能力。以美国为例，数据表明，大约有 20.4% 的成年人患有慢性疼痛，更有 8% 的成年人患有高度慢性疼痛。

针对慢性疼痛，以往的疗法主要是通过药物（服用止痛药或注射类固醇）、运动、手术和经皮神经电刺激等方式进行治疗。传统药物治疗主要选用阿片类镇痛药，带来的最大副作用就是阿片类药物滥用，致死人数逐年升高，且增长极为迅速。美国疾控中心数据显示：2020 年，美国有超过 9.3 万人死于药物过量，平均每天致死超过 250 人，其中六成以上与阿片类药物芬太尼有关。2021 年，美国因服用芬太尼过量的死亡人数，甚至超过了枪支与车祸死亡人数的总和。

为此，一家位于波士顿的生物医疗公司——NeuroMetrix，开发了一种名为 Quell 的镇痛类电子产品。

Quell 由一个可穿戴设备和一个连接设备组成，可固定在患者的小腿后侧，每天进行 1 小时的治疗，通过神经刺激技术刺激患者的大腿神经。其原理是把电脉冲发送到感知神经，引发患者大脑感觉皮层的反应，以此来干扰大脑觉察到疼痛的信号，从而达到止痛的作用。从这个角度来讲，我们可以把 Quell 看作现代科技版本的"电针灸"。

Quell 作为一种数字疗法，最大的好处在于不需要用药物，就可达到同样的治愈效果，这样就可以防止病人为了止痛而过量服用阿片类药物。

那么，数字疗法目前在中国的发展情况又是怎样的呢？其实，在新冠疫情之前，数字化医疗在中国已经崭露头角。新冠疫情更是推动了医疗行业对数字技术的探索应用，大量企业开始关注并探索将数字疗法作为下一个主攻的战略方向。

数据是最能说明这一趋势的。截至 2022 年 11 月，国家药品监督管理局（NMPA）共发出了 25 张 AI 三类证和 30 张符合数字疗法定义的二类证，是历年来医疗数字化领域获批最多的一年。在获批的 30 款数字疗法产品中，针对认知功能障碍的数字疗法共有 12 款，占 40%，眼科数字疗法有 8 款，占 26%。

在数字疗法领域，海南省是中国所有省份之中最有雄心壮志的。除了率先提出要把海南建设成为全球数字疗法创新岛、创新资源集聚区和产业高地之外，海南还希望借数字疗法推动卫生健康跨越式发展和"十四五"期间人均预期寿命提高 2 岁目标的实现。

为此，海南省在 2022 年，就数字疗法发布了一系列地方政策，比如，《海南省加快推进数字疗法产业发展的若干措施》《海南省卫生健康委员会关于组织海南省数字疗法临床试验中心申报工作的通知》《海南省药品和医疗器械审评服务中心关于"数字疗法"软件类医疗器械分类界定汇总意见的通知》《海南省卫生健康委员会关于推荐数字疗法产品纳入商业保险的通知》等，并逐渐形成政策组合拳。

在这一系列政策中，《海南省加快推进数字疗法产业发展的若干措施》21 条是全国首份省级层面支持数字疗法产业发展的政策文件，也是全球首份围绕数字疗法产业的全周期政策文件。

在未来两到三年内，海南会积极引入国内外已批准上市的数字疗法产品，在全省符合条件的机构和人群中推广使用；会建设一批数字疗法临床试验中心，如精神障碍数字疗法临床试验中心、儿童注意力缺陷与多动障碍及孤独症数字疗法临床试验中心、肿瘤数字疗法临床试验中心、睡眠数字疗法临床试验中心等；会鼓励医疗机构将数字疗法与互联网医院平台整合，赋予医生在互联网医院开具数字疗法处方的权限；会依托海南自由贸易港政策优势和数字疗法全周期政策支撑体系，以及电子处方中心等高水平数据平台，高质量打造一批数字疗法产业集群。

海南省的这些举措，最终目的是打造海南数字疗法创新岛品牌，将数字疗法打造成海南健康事业产业高质量发展的"新引擎"。

数字疗法是不是一条长坡厚雪的好赛道？什么样的数字疗法更有前景？或者说，数字疗法的现状是否如宣传的那样繁荣？据《全球数字疗法产业报告（2022）》数据显示，作为数字疗法的起源地，美国已有 98 家数字疗法企业。但即便如此，医生到底会不会长期给患者用数字疗法，是否足够简单、有效，还有待观察。数字疗法能否打动患者付费，还未有较大规模的成功案例可供借鉴。

2021 年，神经系统疾病数字疗法领域中唯一成功 IPO 的美国企业 Dthera Sciences，在阿尔茨海默病药物研发失败和

CMS（Centers for Medicare & Medicaid Services，美国联邦医疗保险和医疗补助服务中心）报销限制的双重打击下，宣告商业项目中断。

在相关标准规范仍不明朗的情况下，如何用过硬的产品能力来证明数字疗法的价值，在临床效果上进一步完善，并接受严格监管，是数字疗法面临的最大挑战。毕竟，"打铁还需自身硬"这句话，在任何领域都适用。为此，现阶段，与药物疗法、物理疗法等其他疗法相比，数字疗法还只是辅助和补充的关系，无法做到取代关系。

随着现代信息技术的日益普及，数字疗法方便患者、医生使用，会提高患者黏性，并提升耐受性和便易性。慢性病和心理疾病发病率逐渐攀升，会要求患者向医生提供随时可以查询的进度更新，从而实现智能化的护理管理和临床决策优化。新冠疫情也让人们对数字化医疗的态度发生了实质性转变，人们开始习惯通过远程访问实施问诊或治疗，而数字疗法可以在不进行医疗资源扩张的前提下，扩大治疗范围，从而降低医疗成本。这些都是数字疗法赖以发展的利好消息。

正如杰夫·贝索斯（Jeff Bezos）所言："本季度的收益，早在三年前就已经决定了。"在上述这些因素交织之下，数字疗法，作为一种新型治疗手段，也许可以成为医疗领域通向元宇宙的方式之一，让患者在虚拟世界完成治疗过程，最终在真实世界受益良多。

机器人成为新市民：
从幻想到现实的机器人友好型城市

2023 年 5 月 11 日，在"高质量发展调研行"情况通报会上，上海市经信委副主任汤文侃介绍：上海累计建成 100 家智能工厂，打造 8 家国家级智能制造示范工厂。上海目前的机器人密度是 260 台 / 万人，这一数据是国际平均水平的两倍多。

2023 年 3 月第 6 期《新周刊》（总第 631 期），有一篇题为《智能机器人，新新佛山人》的文章，讲述了作为制造业大市，佛山以机器人撑起了大部分制造力量，培育出科迅达机器人、博智林机器人、隆深机器人等一大批优秀机器人企业。而且，这些新新佛山人，是佛山自己制造的，"机器人生产机器人的魔幻场景，真实地发生在佛山顺德的工厂里"。

我们看到，上海、佛山这两座城市，不约而同向机器人敞开怀抱。佛山把这些机器人称为"新新佛山人"，上海则开始统计机器人在每万人口中的比例，这可是一项全新指标。之前，机器人在某个领域的运用，也许还是件新鲜事。但如今，机器人已经开始在不同领域展示了广泛的应用。在未来城市，机器人将出现在城市的每一个角落，承担着各式各样的工作，我将其称为"城市级的泛应用"。

那什么是"城市级的泛应用"呢？让我们回到前文提到的《新周刊》文章，其中有这么一段话："这些机器人，是新新佛山人，它们钻进车间、走进工地，替这座城市的劳动者弯腰弓背，替他们把最难、最危险的事揽在自己身上。"我想，这也许就是"城市级的泛应用"的最好诠释。

我们可以看到，有些城市已经开始试点使用配送机器人，进行"最后一公里"的送货服务。这些机器人能够自主导航，将货物送达目的地，既节约了人力，又提高了配送效率。一些城市开始使用清洁机器人，进行城市的保洁和垃圾收集工作。这些机器人可以自动清扫街道、公园和其他公共区域，提高城市的整洁度和卫生状况。医疗机器人在医院也开始发挥重要作用，从事手术辅助、药物配送和康复治疗等任务。公共安全机器人还在城市的关键区域巡逻，监控和识别潜在的安全风险。

那么，在不远的将来，会有哪些机器人和人类共同工作、生活呢？

2021年，中国正式实施的新国标 GB/T 39405-2020，从五个维度对机器人进行分类，分别是工业机器人、个人/家用服务机器人、公共服务机器人、特种机器人和其他应用领域机器人。

相比较中国的分类，国际机器人联合会（International Federation of Robotics，IFR）对于机器人的分类更加细化，共分为十二大类。

1. 运输和物流机器人：用于物品搬运、仓储和物流操作的机器人，如自动导向车、无人机、物流机器人等。

2. 农业机器人：用于农田作业、种植、收获和养殖的机器人，如种植机器人、采摘机器人、农作物监测机器人等。

3. 医疗和护理机器人：用于医疗诊断、手术、康复和护理的机器人，如外科手术机器人、康复机器人、辅助护理机器人等。

4. 专业服务机器人：用于提供专业服务的机器人，如清洁机器人、安防机器人、维修机器人等。

5. 教育机器人：用于教育和培训的机器人，如教学机器人、学习辅助机器人等。

6. 娱乐和休闲机器人：用于娱乐和休闲活动的机器人，如娱乐机器人、玩具机器人等。

7. 建筑和建设机器人：用于建筑和建设行业的机器人，如建筑机器人、3D 打印机器人等。

8.零售和服务机器人：用于零售业和服务行业的机器人，如导购机器人、客户服务机器人等。

9.酒店和餐饮机器人：用于酒店和餐饮行业的机器人，如服务员机器人、厨师机器人等。

10.环境清洁和保护机器人：用于环境清洁和保护的机器人，如环境清洁机器人、污染监测机器人等。

11.公共安全和救援机器人：用于公共安全和救援行动的机器人，如消防机器人、搜救机器人等。

12.其他专业／商用服务机器人：包括其他未被上述类别涵盖的专业和商用服务机器人。

2023年1月18日，工信部等十七部门联合印发《"机器人+"应用行动实施方案》，要求到2025年，制造业机器人密度较2020年实现翻番，服务机器人、特种机器人行业应用深度和广度显著提升，机器人促进经济社会高质量发展的能力明显增强。

既然机器人将在未来城市中扮演着越来越重要的角色，我突发奇想，未来城市的规划者是否要开始考虑如何建设一座机器人友好型城市。

我试着去找一些城市案例，来证明我的观点是否有前瞻性。目前似乎还没有哪座城市宣称自己在建设一座机器人友好型城市。但是，我发现有城市开始重视机器人技术，并出台相关政策，将其视为促进科技创新和提升城市影响力的机会。

剑桥紧邻美国马萨诸塞州波士顿市，也是两所世界著名大学（哈佛大学和麻省理工学院）的所在地。多说一句，这个剑桥市不是英国的那个剑桥，虽然其英文拼写一模一样。剑桥市也是全球机器人技术研究的重要基地之一，在建设机器人友好型城市方面，采取了多项政策和举措。

首先，剑桥将机器人产业视为城市经济的重要组成部分。在他们看来，机器人产业是一个极具潜力的经济领域，能够创造就业机会并推动经济增长。通过吸引机器人制造商、软件开发商、服务提供商等，可为城市带来新的经济机遇和就业岗位。为此，剑桥市政府成立了机器人委员会，旨在通过协调和合作，促进机器人技术的发展和应用。同时，剑桥还设立了多个机器人实验室和孵化器，为机器人初创企业提供了优惠政策和创业支持。

其次，剑桥在城市规划和交通管理方面也采取了一系列举措，以适应机器人应用。例如，该市制定了机器人交通规则，规定了机器人在公共道路上行驶的安全标准和要求。在传统城市中，机器人其实是"弱势群体"，无法像人一样灵活自由通行。《美国残疾人法案》（Americans with Disabilities Act of 1990）通过改变建筑物的设计方式，来减少楼梯数量，从而方便轮椅进入坡道。同样，剑桥也在研究如何使建筑物对带轮子的机器人更加友好。

最后，剑桥在推广机器人技术应用的同时，也非常重视安全和隐私保护。该市要求机器人开发商必须遵守相关法律法规，确保机器人与智能设备搜集和使用数据的合法性。

剑桥的上述做法，给我们展示了一座机器人友好型城市的初级模板。一座城市如果从现在开始，建设机器人友好型城市，将是一个前沿且复杂的任务，需要综合考虑各种因素。

第一，城市规划者要开始将机器人的需求纳入城市的基础设施建设中。比如，要为机器人提供充电站和无线网络，要设置机器人专用道路，以便机器人可以自由、安全和高效地移动。甚至还要制定适当的交通规则，以确保机器人能够安全地在城市穿梭，这些都有助于减少机器人与其他交通工具之间的冲突和事故。

第二，城市产业部门要支持机器人技术的研究和开发，推动机器人产业发展。要遴选典型应用场景和聚焦用户使用需求，开展从机器人产品研制、技术创新、场景应用到模式推广的系统推进工作。机器人友好型城市的一个重要指标就是看这座城市能否拥有一定数量和种类的机器人，以支持各种应用场景，就像上文介绍的机器人分类，最好都能在一座城市体现。

第三，教育培训部门要推广机器人教育和培训，让居民了解机器人的特点和使用方法。为了更好地与机器人共存，人们需要了解机器人的工作原理、行为模式、安全要求，以及如何与机器人进行交互。比如，学校可以将机器人课程纳入教育计划，涵盖机器人编程、机器人控制和机器人安全等方面，增加学生们对机器人的兴趣和了解。

第四，立法部门要制定相关的法律和规章，规范机器人的使用和管理。在建设机器人友好型城市时，保障人们的安全和隐私至关重要。随着机器人和人工智能的不断发展，人们对机器人收集和使用个人数据的担忧也越来越大。为此，城市管理者要通过法律法规来明确责任和安全标准，保护隐私和数据安全，建立伦理和规范框架。

结合上述要素，我们还可以尝试制定一套评估机器人友好型城市的指标体系。这包括机器人的应用范围、产业规模和发展潜力、技术成熟度和社会影响度等方面。

如果我们更加大胆地想象一下，在不久的将来，随着科技的发展，人和机器人之间的交互将变得更加紧密和复杂。甚至有一天，每个人都会拥有一个数字孪生体。这个数字孪生体可以在数字世界中与其他数字实体进行交流、互动和协作，创造出全新的数字生态系统。它也可以是人类数字化镜像在物理世界的映射，继而和现实世界中的个体相互连接和交流。

要是真到了那个阶段，人类将越来越依赖机器人、数字虚拟人、数字化设备、未来数据网络来扩展我们的能力，并与其他实体人和数字虚拟人进行连接和合作。这可能是另外一项讨论的主题了，除了数字游民友好型城市、机器人友好型城市，一座城市还可以不受地理限制，在网络上再造一个数字城市孪生体，来吸引数字公民落户。

我们并不需要一个真实的人形机器人

2023 年 6 月，美国亚利桑那州的研究团队推出了一款名为"安迪"的机器人——它不仅可以呼吸，还会因为某些环境刺激而发抖和出汗。目的是用来研究人体在面临极端环境时的各种变化。这不仅是一项技术上的突破，也对"生命"的定义提出了全新的挑战。

2023 年 7 月，联合国在瑞士日内瓦召开了"人工智能向善全球峰会"（AI for Good Global Summit）。这场由联合国国际电信联盟（ITU）举办的活动，更像一场科技界的"奥斯卡"

红毯秀，展示了众多人形机器人，包括全球首个超现实主义机器人艺术家"艾达"、人形摇滚歌手机器人"苔丝狄蒙娜"，以及最先进的医疗保健机器人"格蕾丝"，等等。

峰会还举办了全球首个由机器人主导和参加的新闻发布会。九位人形机器人站在台前，自如地与记者互动，讨论了关于人工智能技术的未来、发展方向、监管问题，以及如何建立人机之间的信任。这不仅是对技术问题的回答，更是一次震撼的展示，展现了人形机器人正逐步被社会所认知和接纳的新景象。

2023年8月，三星电子透露，开始制定进军机器人市场的战略，由设备体验部门的规划团队主导该项目。为此三星还推迟了用于医疗保健的可穿戴机器人的上线。显然，三星已经预见到机器人产业所带来的无限可能性，并对这一领域有更大的野心和构想。

这三则新闻共同描绘了一个清晰的图景：人工智能的进步正在成为机器人产业发展的关键引擎。生成式人工智能（AI Generated Content，AIGC）的爆发，催生了初代"AI+机器人"的人形机器人。在人工智能技术的加持下，机器人不再是单纯执行预定程序的机械设备，而是具有了自主学习和决策能力的智能机器人。从单纯的执行预设程序，到拥有自主学习和决策的能力，从面向专业工程师的工具，到面向广大用户的日常伴侣，未来的人形机器人已经站在了新的起跑线上。

在这轮"忽如一夜春风来，千树万树梨花开"的人形机器人浪潮背后，许多公司其实早已做好准备。业内的代表性机器人产品，包括国外的波士顿动力 Atlas、国内的小米 CyberOne（铁大）、优必选 Walker X 等。

特斯拉人形机器人擎天柱（Optimus）更是备受关注。还记得 2021 年 8 月，埃隆·马斯克（Elon Musk）在特斯拉的人工智能开放日上首次提及制造"擎天柱"人形机器人的计划。令人惊讶的是，短短一年后，擎天柱的原型机已经在接下来的 AI Day 中亮相。特斯拉展示了它在汽车工厂进行搬运、为植物浇水、移动金属棒的视频。

在特斯拉的股东大会上，马斯克提出了一个大胆的设想："每一个自然人或许都需要拥有两个人形机器人。未来，全球的人形机器人数量有望达到 100 亿到 200 亿。"他强调，这将是一个比电动汽车，甚至比传统汽车市场更大的行业。马斯克还透露，擎天柱的生产计划已经展开，特斯拉目前已经生产了 10 台。为什么特斯拉如此执着于人形机器人的研发？一方面是为了提供工厂的劳动力，以降低生产电动汽车的成本；另一方面，更远大的目标是，用机器人来建设火星，预见未来的跨星际梦想。

人形机器人，为什么可能成为继智能手机和新能源汽车之后的下一个智能终端？或者更进一步，成为下一个产业风口呢？在我看来，答案在于人工智能对社会生产力的作用方式。当前，以 ChatGPT 为代表的生成式人工智能展现出了令人震撼的语言和逻辑处理能力，但其输出主要仍依赖于计算机软件系统。换句话说，它尽管"智能"，却受限于数字世界，无法直接在现实世界中施展实际影响。

而人形机器人，有可能成为这种高级人工智能的理想载体。试想一下，拥有智能大脑的机器人，不仅能理解复杂的指令，更能通过其敏捷的身体和手脚，在物理世界中执行各种任务。这样的机器人将是数字智能与物理行动的完美结合，可以在虚拟和现实世界之间自由穿梭，发挥其巨大潜力。因此，人形机器人有望成为未来人工智能的主要输出渠道，桥接虚拟与现实，为社会带来更广泛、更直接的效益。

当我们深入探讨这个话题时，有一个不可或缺的关键词需要引入："具身智能"（Embodied Intelligence）。这个概念首次被提及还要追溯到 1950 年，当时图灵在他的开创性论文《计算机器与智能》（*Computing Machinery and Intelligence*）中提出：机器可以像人类一样，与环境互动，感知周围，自主地规划、决策、行动，并拥有执行这些决策的能力。经过七十三年的发展，这个词现在越来越受到重视，被看作人工智能发展的最高境界。它也被称为"Embodied AI"（具身人工智能），与之对立的概念，则是 Internet AI（互联网人工智能）或 Disembodied AI（非具身智能）。

在 2023 年 5 月的 ITF World 半导体大会上，英伟达首席执行官黄仁勋充满激情地展望未来：人工智能的下一个浪潮将是具身智能，即能够理解、推理，并与物理世界互动的智能系统。紧接着，5 月 28 日，科技部副部长吴朝晖在中关村论坛"人工智能大模型发展论坛"上进一步强调，自然语言大模型并不是大模型的最终形态，比它更高级的是多模态的具身智能。上述两位的前瞻观点都预示了一个崭新的时代：机器人发展，从实验室技术的积累，到工业机器人的先行，再到今天，我们将步入人形机器人的黄金时代，它们有望成为具身智能的绝佳体现。

在人形机器人的发展浪潮中，中国拥有无可比拟的优势和机遇。首先，中国正面临前所未有的人口老龄化问题，这使得对于人形机器人在医疗、护理和日常生活辅助等领域的需求日益凸显。与此同时，新一代年轻人更倾向于追求知识和技能型工作，传统的体力劳动逐渐失去吸引力。这为人形机器人在制造业、农业和服务业中的应用创造了广阔的空间。

不仅如此，中国将会成为全球最大的机器人消费市场。预测显示，到 2025 年，中国的年人均工资将达到约 14.4 万元。与此同时，如果特斯拉的人形机器人擎天柱如期投入量产，其价格据马斯克预测为 2 万美元，大约等于 14 万元人民币，与中国的人均工资相当。

试想一下，当人形机器人的价格与一个人的年收入相当时，它们不再是远在天边的高科技产物，而是逐渐成为企业和家庭中的常见角色。它们可能在工厂里助力生产线，或者在城市的繁华街头为人们提供服务，甚至在家中扮演家务助手的角色。这是一个场景，在这个场景中，人形机器人不再是孤立的技术存在，而是与社会、与人们的生活紧密交织。

更值得一提的是，中国政府对于机器人和智能制造领域的政策态度坚定并持续支持。

5月18日，《上海市推动制造业高质量发展三年行动计划（2023—2025年）》指出，瞄准人工智能技术前沿，构建通用大模型，面向垂直领域发展产业生态，建设国际算法创新基地，加快人形机器人创新发展。

5月31日，《深圳市加快推动人工智能高质量发展高水平应用行动方案（2023—2024年）》提出，加快组建广东省人形机器人制造业创新中心。

6月16日，《北京市机器人产业创新发展行动方案（2023—2025年）》提出，着眼世界前沿技术和未来战略需求，加紧布局人形机器人，带动医疗健康、协作、特种、物流四类优势机器人产品跃升发展，实施百项机器人新品工程，打造智能驱动、产研一体、开放领先的创新产品体系。

这一系列利好政策表明，中国的一线城市为人形机器人的发展和应用创造了广阔的市场空间。

想象这样一个未来：一个人形机器人，不仅能直立行走，听从你的指令前进、后退或抓取物品，更为关键的是，具备高度的感知能力。当你把它放置在一个陌生的房间中，它的摄像头、传感器和触摸器皆开始工作，敏锐地捕捉和解读周围的一切信息。它能迅速识别房间里的每一个人、每一个物品，并且可以学会并模仿人类的动作，如开关门、拿起物品等。

这样的机器人，如果真的能走入千家万户，将能够无微不至地为我们服务。想象它忙碌地在厨房中为你做饭、打扫房间、温柔地照顾年迈的家人或与孩子嬉戏。更让人期待的是，它能够执行许多复杂的日常任务，成为家庭中不可或缺的助手。这无疑将是人类生活品质的一大跃进和革命。

人形机器人，真的有可能成为与汽车、手机相提并论的下一大通用产品吗？尽管有许多人对此充满期待，但也同样多的批评和质疑，指出它在实际应用和价值上可能并不如预期那般广泛。

首先，某些前沿科学家提出了颇有深意的观点："在某种层面上，将机器做成完全的人形，其实是人类想象力的一种缺失。如果飞机都按照鸟儿的形态设计，那还有多少创新之处？"坚持把机器人做成人形，不仅增加了设计的复杂性，而每一个细微的关节和传感器都需要高度精确的校准和维护。这不仅大大提高了成本，同时也使得能源消耗更为严重。

其次，针对特定的任务，某些非人形的机器人设计可能会更加简单、实用且成本更低。例如，对于清洗狭窄的通风管道，一种模仿蛇行动的蛇形机器人会更加得心应手。毕竟，有很多任务，人类本身就难以完成，或者说，在执行这些任务时，我们常常需要借助各种专门的工具。

还有，让机器人真正达到人类行动和互动的复杂程度仍是一大技术难题。有位科技创业者曾在一个演讲中直言："如今，若你能设计出一个机器人，让它熟练地绑鞋带，或者从洗衣机中取出衣物、轻柔地抖开并悬挂，你无疑将跻身于科技领域的巅峰，成为众所瞩目的顶级专家，这绝非言过其实。"事实上，与人类的灵活多变相比，人形机器人在感知、认知和动作上仍然有很大的差距。要让机器人真正融入家庭，我们并不一定需要一个真实的人形机器人，而是需要构建一个更加智能化的生活环境。例如，智能音响成为家庭的"耳朵"，智能摄像头则是家庭的"眼睛"，而扫地机器人则像家中的"手脚"。

最后，我们不能忽视的是社会和文化层面的顾虑。许多人担心，过度依赖人形机器人可能导致人类在情感上的迷失，特别是当它们被当作伴侣或照料人类的工具时。此外，与外观和行为都如此接近人类的机器人互动，很可能引发深入的道德和伦理讨论。再比如，隐私和安全问题，一旦机器人被黑客攻击或数据泄露，可能会给家庭成员带来意想不到的风险。

面对人形机器人的新浪潮，我们不免思考：这是人工智能的终点，还是另一个起点？当机器人与人类的经济活动、精神文化和日常生活如此紧密地交织时，我们可能会发现，这不仅仅是技术的进步，更是人类文明的一次深远跃升。在未来，可能会有一天，我们不再称它们为"机器人"，而是作为共生的伙伴，与我们并肩前行，共同创造一个超越传统界限的未来世界。

人形机器人：听听中国工信部的意见

　　2023 年 10 月，国家工业和信息化部印发《人形机器人创新发展指导意见》（以下简称《意见》）。《意见》的第一句话就开宗明义："人形机器人集成人工智能、高端制造、新材料等先进技术，有望成为继计算机、智能手机、新能源汽车后的颠覆性产品，将深刻变革人类生产生活方式，重塑全球产业发展格局。"

　　在科技创新的丰富棋盘上，人形机器人是新兴起的棋子，它们正在走出科幻电影，逐渐步入我们的工厂、社区，甚至家庭。这份文件不仅是一张创新发展的蓝图，更是一次号角，宣告人形机器人正准备接管未来的指挥棒。

回想一下计算机的诞生，最初只是庞大的数据处理机器，然后演变成办公室的辅助工具，如今却彻底改变了我们工作的方式，成为现代工作和生活不可分割的一部分。智能手机的出现，人们最初只是觉得它是替代固定电话，用来联系亲友的新方式。谁能想到它会从最初的便携电话，演变成掌上的信息中心，成为我们生活中不可或缺的一部分，管理我们的社交、娱乐、购物，甚至银行业务。新能源汽车也是如此，一开始被看作一个对传统燃油汽车的小范围补充，现在它们正领跑全球汽车产业的变革和绿色交通运动。

《意见》将人形机器人置于与计算机、智能手机、新能源汽车同等重要的位置，称之为"颠覆性产品"。这些产品共有一些特性。

首先，对家庭和个人而言，如果人形机器人能够达到与计算机、智能手机、新能源汽车相同的重要性，那么它必将成为家庭乃至个人生活的标准配置，与我们日常生活密不可分。正如计算机和智能手机已经成为我们日常生活不可或缺的一部分，人形机器人将演变成一个广泛使用的终端消费产品。

其次，在商业领域，计算机、智能手机和新能源汽车的发展，分别催生了各自行业内的领军公司，塑造了各个时代的商业巨擘。同样，人形机器人产业也即将见证其领军企业的兴起。这些领军企业，数量虽不多，但预计将产生巨大的全球影响力。《意见》的目标是培育出"2—3 家有全球影响力的生态型企业和一批专精特新中小企业",这将引领整个人形机器人产业的发展和创新。

最后,类似于计算机、智能手机和新能源汽车,人形机器人也预示着跨行业整合的新时代。颠覆性产品不仅在其原始领域内发挥作用,而且能够促进不同行业之间的融合和创新。比如,计算机和智能手机促进了信息技术与传统行业的融合,新能源汽车推动了汽车产业与环保、能源产业的结合。同样,人形机器人也将成为人工智能、机器学习、传感技术、通信技术等各种先进技术的汇集点。人形机器人具备将机械工程、人工智能、生物科技、健康护理等众多领域融合的潜力,这不仅能提高各行业的技术水平,还有可能促进全新产业和服务模式的诞生。

当我与一位好朋友探讨"人形机器人将深刻变革人类的生产和生活方式,重塑全球产业发展格局"这一话题时,他建议我先回顾工业革命所带来的变化。在工业革命中,农业机械化促使农民转变为工人,大量的工人又催生了对管理者的需求。随后,管理层的繁荣带动了生产、营销、财务、人力资源等领域的分工。工业的发展进一步扩张了商业领域,而商业的增长则催生了媒体行业。同时,工业和商业的蓬勃发展也加大了对研发人员和服务业的需求。

在我这位好朋友看来,尽管人形机器人的发展路径可能与工业革命不同,但其带来的繁荣本质是相似的。

首先，人形机器人的崛起将促进基础产业的大幅扩张，尤其是与人工智能相关的领域，如 GPU、CPU、云服务等。这一点类似于电力技术的出现，它不仅是一种新的能量形式，也是推动社会和技术发展的重要驱动力。

其次，我们将见证成百上千种不同类型的机器人的出现，每一种都将开辟新的应用领域和产业，这将催生一个庞大的新产业生态系统。正如电力促成了电灯、电话和其他电器的诞生一样。随着人工智能的普及，可编程和可组装的机器人将成为新时代的"电脑"。这些高度灵活、可定制的机器人将大幅提高生产效率，推动经济增长，改变我们的生活方式。最终，人形机器人引领的技术和经济变革将带来经济的极大繁荣。这种繁荣将不仅限于传统的工业和商业领域，还将扩展到文化、艺术和创意产业，为整个社会带来全面的发展和提升。

要加速实现人形机器人的发展目标，技术突破无疑是核心。正如《意见》所指出的，以大模型等先进人工智能技术为引领，我们需要在人形机器人的"大脑""小脑""肢体"等关键技术和技术创新体系上取得突破。

人形机器人的"大脑"，依托于大模型技术，将极大增强机器人的环境感知、行为控制和人机交互能力。正如我在前文所提出的观点，人形机器人可能成为高级人工智能的理想载体。想象一下，如果我们能够实现对人形机器人技术的颠覆性突破，如发展出能够模仿复杂人类情感和认知的"大脑"，这将如何重塑我们的社会结构和日常生活呢?

让我们以一个具体的案例来展开这一讨论：日本的一些老年人照护中心，已经开始使用人形机器人。这些机器人能够与老年人进行基本交流，甚至参与娱乐和社交活动。这不仅减轻了护理人员的负担，也为老年人的日常生活带来了活力和乐趣。现在，如果我们能进一步发展出更高级的人形机器人，不仅能提供物理上的帮助，还能进行情感上的交流，这会怎样改变我们对老年护理的整体看法呢?

同样，教育领域也可以从人形机器人的发展中受益。在教师资源匮乏的偏远地区，人形机器人可以成为一种有效的教育资源。通过远程控制和编程，这些机器人可以提供与城市地区同等水平的教育，确保所有孩子都能接受到高质量的教育。这不仅是一种技术突破，更是一种社会进步。

人形机器人的发展，不仅仅需要一个能够思考的"大脑"，还需要一个高度发达的"小脑"来控制其运动。通过建立高效的运动控制算法库和网络控制系统架构，机器人的动作将变得更加精准和灵活。此外，"肢体"技术的突破，如"机器肢"关键技术群、仿人机械臂、灵巧手和腿足的开发，将大大提升机器人在各种环境下的操作能力。

让我们以一些具体场景来描绘这些技术进步的影响。

想象一下，在火星表面，一个人形机器人正在进行探索任务。它的"大脑"和"小脑"通过星际网络连接到地球上的控制中心，它的"肢体"可以进行精确的地质采样和科学实验。这不仅为太空探索提供了全新的可能性，也将为地球带来宝贵的外太空信息。

另一幅场景是在未来的城市中，当高楼大厦发生火灾时，一队机器人消防员迅速进入火场。这些机器人的身躯由耐火材料制成，能够承受极端的高温和烟雾。它们敏捷地穿梭在烈火中，利用高级的感知系统寻找和救助被困人员。这些人形机器人消防员可以执行人类无法承受的高风险任务，成为灾害救援中的宝贵力量。

在未来医院的长廊里，一个人形机器人护士正在巡视。它可以24小时监测病人的生命体征，提供持续的护理和支持，甚至在必要时进行心肺复苏。在紧急情况下，它可以迅速响应，提供第一线的医疗援助，成为医疗团队不可或缺的一员。

在这场人形机器人技术的革命中，我们不仅需要技术创新者的勇气，还需要政策制定者的智慧和远见。我们需要的远不止单一的技术突破，而是一个全面的、多元化的生态系统。正如《意见》所指出的，我们需要建立一个开源的创新环境，让不同领域的专家能够共享知识，协同工作；我们需要培育出将这些技术商业化的企业，让这些机器人不仅仅停留在实验室里，而是真正进入我们的日常生活中。

历史经验告诉我们，硅谷的成功很大程度上得益于政府对技术创新和企业家精神的支持。对人形机器人行业而言，这样的生态系统同样至关重要。政府可以通过设立专门的人形机器人创新园区来支持企业研发，同时鼓励高校和研究机构的参与。在这种生态环境中，我们可以期待出现新一代的技术巨头，就像苹果和谷歌在智能手机和互联网领域的成就一样，推动人形机器人技术向更高层次发展。

通过这些全方位的措施，我们可以构建一个全新的产业生态系统。这个生态系统不仅能够推动技术发展和产品创新，还将激发市场需求，最终形成一个既繁荣又可持续的人形机器人产业。在这个产业中，各个环节紧密相连，技术的每一次突破都能迅速转化为实际应用，而每一个应用的成功又会进一步推动技术的发展，形成一个良性循环。

总的来说，这份《意见》不只是在讲述一个产业的兴起，它还在讲述一个新时代的来临，一个人类与机器和谐共存，共同探索未知领域的新时代。我在这份《意见》中看到的不仅仅是行动计划，更看到了构建未来社会的蓝图。随着技术的不断进步，我们正逐渐接近这一天。而这份《意见》，正是我们迈向那个未来的路标。

在未来的某一天，当我们回首现在的决策和努力，将会清晰地认识到，正是这些人形机器人彻底改变了我们的工作方式、生活习惯和社会结构，引领我们步入一个崭新的时代。这个时代多了一个角色——那些与我们并肩行走，协同工作，甚至可能超越我们想象的人形机器人。

元宇宙：钱学森的"灵境"？微信颠覆者？

2021 年是元宇宙元年，每隔一段时间，就会有投资机构、科研院所、大学学者发表专题报告或文章，来阐述元宇宙的思想、概念、发展趋势和未来场景。正如莎士比亚所说："一千个观众眼中有一千个哈姆雷特。"而我，则想通过自问自答的方式，来和大家分享一下我对元宇宙的观察和看法。

一、元宇宙真的是一个新概念吗？

我的回答很直接：不是。

为什么我不认为元宇宙是一个新概念？就像人工智能一样，这两者的第一次出现，都不是在最近几年。1956 年夏，在美国达特茅斯召开的一次学术会议上，首次出现了"人工智能"这个术语。那时候，人们首次决定将像人类那样思考的机器称为"人工智能"。"元宇宙"一词的最早出现，是在 20 世纪 90 年代的一本科幻小说《雪崩》(Snow Crash) 中，书中描述人们大量时间活在虚拟环境里，而元宇宙就是互联网的虚拟现实后继者。

和元宇宙最息息相关的一词——"赛博空间"，则出现在 1991 年 9 月《科学美国人》(Scientific American) 出版的《通信、计算机和网络》(Communications, Computers, and Networks) 专刊上，题目就是《如何在赛博空间工作，娱乐和成长》(How to Work, Play and Thrive in Cyberspace)。这是"赛博空间"(Cyberspace) 一词在学术和技术领域的正式亮相。

前不久，伴随着元宇宙、虚拟现实和赛博空间的讨论，一则"钱学森三十年前给虚拟现实技术取名'灵境'"的新闻登上热搜。1990 年 11 月 27 日，钱学森给自己的弟子汪成为（时任国家 863 计划智能计算机专家组组长）写了一封信，信中提到自己将"虚拟现实技术"(Virtual Reality) 一词翻译成"灵境"。

据汪成为回忆："1991 年，我刚到钱学森老先生办公室工作不久，他就告诉我：你们这些研究信息的人应该重点关注和跟踪 Cyberspace 的内涵、发展，以及其战略意义。"1998 年 6

月，87 岁的钱老还写了一篇短文《用"灵境"是实事求是的》："我们传统文化正好有一个表达这种情况的词：'灵境'；这比'临境'好，因为这个境是虚的，不是实的。"

三十多年后，脸书创始人和首席执行官马克·扎克伯格（Mark Zuckerberg）提出，脸书公司将要全面转型为一个"元平台"（meta platforms），并从多方面打造一个"元宇宙"（Metaverse）——一个沉浸式的虚拟和现实相结合的"元宇宙"。在此之后，"元宇宙"一词成为被资本、社交媒体、大众关注和追捧的热点，也被各种技术平台和公司赋予了不同的诠释和解读。与之相关的概念股和数字货币，乃至游戏产品的价格也都大幅上涨。

如果我们做一回拆字先生，就会发现，"Metaverse"一词，由前缀"meta"（意为"超越"和"元"）和词根"verse"（源自宇宙"universe"）组成。

就像其他单词，如新陈代谢（metabolism），meta（变化）+ball（球）+-ism（行为）→体内的循环和变化→新陈代谢；形而上学（metaphysics），meta（超越）+physics（物理学）→形而上学。Meta 在这里作为一个词根，表示的就是变化或者超越。

即使从词义分析上看，"元宇宙"这个词语，或者概念，也只是在原有概念上的升华。所以，在我看来，现在大红大紫的元宇宙，并不是一个新概念，只是它以前不叫这个名字而已。

二、元宇宙是一个宇宙，还是多个宇宙？

太阳下面没有新事物。我们通常会想当然，一个新功能的产生是伴随着一个新事物的诞生而带来的。而如果我们仔细想一想，其实新事物从来都没有产生过，产生的只是新的功能而已。那么，元宇宙给我们提供的新功能又是什么？或者说，元宇宙在现有物理宇宙空间之外，真的再造了一个虚拟宇宙吗？

对于这个问题，我的回答是：元宇宙真有可能再造一个庞大的虚拟现实世界，所有现实世界的人在元宇宙里都有一个网络分身，将来人们会有多个身份——在实体世界的物理身份，以及在虚拟世界的数字身份。

正如我们上一个问题讨论的，Meta 表示超越，verse 表示宇宙，两者合并，可以理解为创造出一个平行于现实世界的混合虚拟空间，来承载用户工作、社交、游戏、文娱，乃至商品交易等一切活动。因其高沉浸感和完全一致的同步性，逐步与现实世界交融、互相延伸拓展，最终达成超越虚拟与现实的元宇宙，为人类社会拓宽无限的生活空间。

2021 年 12 月 23 日，中纪委网站发表文章《深度关注 | 元宇宙如何改写人类社会生活》，给出了一个关于元宇宙的诠释，这是我比较认同的定义："通常说来，元宇宙是基于互联网而生，与现实世界相互打通、平行存在的虚拟世界，是一个可以

映射现实世界又独立于现实世界的虚拟空间。它不是一家独大的封闭宇宙，而是由无数虚拟世界、数字内容组成的不断碰撞、膨胀的数字宇宙。"

这些虚拟空间，我们已经看到一些端倪，比如，加利福尼亚大学伯克利分校等高校在《我的世界》(Minecraft，一款沙盒类电子游戏）中举办毕业典礼；《动物森友会》(Animal Crossing）举办了首届 AI 学术会议；2021 年古驰（Gucci）与罗布乐思（Roblox）合作，举办了"古驰花园体验"(The Gucci Garden Experience）虚拟展览，用户可欣赏展览并选购虚拟单品，其中一款 2015 年发布的酒神包的虚拟包袋，被一名游戏玩家以 35 万 Robux 游戏币买下，这个价格比真实世界里的原价足足高了 2000 欧元。

三、元宇宙是不是就是现实世界的镜像数字世界？

我们上一个问题，回答了元宇宙有可能再造一个虚拟世界，那么这个虚拟世界和现有物理宇宙又是怎么一个对应关系，是完全复制的，还是另一个完全不同的宇宙？

有些人认为元宇宙就是现实世界的平行世界，借助物联网、云计算、大数据等现代技术，我们可以将人类和联网物产生的数据镜像到元宇宙中，从而以新的方式理解、操纵和模拟现实世界。

但这种认识很可能是不全面的。元宇宙并不仅仅是现实世界的平行世界，或者说，并不是现实世界的简单数字化，它还有可能是现实世界的拓展并反作用于现实世界。我的回答是：元宇宙是虚实共生的，而不是镜像孪生。

元宇宙与现实世界之间是相互构造的，正如电影《头号玩家》（*Ready Player One*）所展示的，未来某一天，人们可以随时随地切换身份，自由穿梭于物理世界和数字世界，在虚拟时空节点中工作、学习、娱乐、交易所形成的数字产品，一部分结果还会传导回现实世界。打个不恰当的比喻，就像你的手机数据同步，会有三个选择：一是用本机数据覆盖云端数据，二是用云端数据覆盖本机数据，三是本机数据和云端数据全量校验，增量实时同步为一体的数据同步。而元宇宙则是方案三。

在我看来，元宇宙的本质在于构建了一个与现实世界持久、稳定连接的数字世界，让物理世界中的人、物、场等要素与数字世界共享经验。正如腾讯 CEO 马化腾提出："这是一个从量变到质变的过程，它意味着线上线下的一体化，实体和电子方式的融合。虚拟世界和真实世界的大门已经打开，无论是从虚到实，还是由实入虚，都在致力于帮助用户实现更真实的体验。"

四、元宇宙会是下一代微信吗？

微信（WeChat）现在是中国，乃至全世界最大的国民级社交产品，拥有最完整的社交关系链。同时，微信在某种意义上，还是网络身份证，许多应用都接受微信身份登录，也就是说，微信号还是我们的身份证明和关系链存储器。

我一直在思考一个问题：谁会是微信的颠覆者？马化腾也曾经说过，微信被谁颠覆，取决于下一代互联网终端是什么。随着"元宇宙"概念的普及，取代 WeChat 的产品可能是 VRChat。原因就是：VR 或者 AR（Augmented Reality，增强现实）可能是智能手机之后的全民电子设备。

有三个和元宇宙相关的领域是最值得投资的，分别是：头戴设备、基础设施、内容。而头戴设备就是要颠覆智能手机的下一代互联网终端，扮演着元宇宙"卖铲人"的角色。

我们先来回顾一下，微信又是谁的终结者？

在社交网络 1.0 时代，陌生人社交和娱乐的属性非常明显，像 ICQ、MSN 等早期的社交软件都没有用户资料的储存功能，用户可以完全用网名登录，真实的社会关系也无法和互联网社交一一对应。在那个年代的互联网世界中，有一个著名的说法："你永远不知道网络的对面是一个人还是一条狗！"

伴随着校内网、脸书等的出现，社交网络跨入了 2.0 时代。每个人开始以真实身份进入互联网，在网上沟通交流的主要对象从不知名的 BBS、QQ 网友，开始逐渐变成了同学、同事和家人。微信则是这个 2.0 时代的集大成者。为此，当我想用一句话来概括微信的时候，我去查询了微信官网，我很惊讶，官网上也没有中文的产品介绍，英文版倒是有一些。所以，在微信自己看来，它无须解释自身是什么，它是一种生活方式。

那么，社交 3.0 时代是怎么样的？或者说，新的生活方式是怎么样的？我们先想象一下，整个地球连成了同一块荧屏，每个人在这块屏幕上都有自己的虚拟人形象。就像电影一样，之前的社交都是 2D 版的，随着元宇宙的出现，我们像看 3D 电影一样，进入一个基于现实的大型 3D 在线世界，这个世界呈现出立体化、沉浸式的特点，有着比现实社会更加丰富的娱乐、休闲、办公、游戏场景。到了那个时候，我们的 VRChat 头像，不仅仅是一个 NFT[1] 头像，而是一个真实存在且影响现实世界的数字身份 ID，它还负载了数字世界的社交关系和资产，可以是虚拟消费品，也可以是虚拟房地产，甚至是虚拟经济体系。

这一代社交产品，或者生活方式如何从概念走向现实，VR/AR 是必经阶段。但是，要让人类进入这么一个逼真的新型沉浸式数字全息社交空间，具有难以想象的难度，可能比火箭上天还要难。理由很简单：我们用微信，是因为手机一直在身边，我们随时随地在线。而如果要用 VRChat，设备必须做到和正常的眼镜一样轻（50 克左右），而现在的设备还在 500 克左右徘徊。

1　NFT: Non-Fungible Token，非同质化通证，是指在区块链网络里具备唯一性的可信数字权益凭证，是一种可在区块链上进行记录和处理的数据对象。

其实，我还不止以上四个问题，比如，我还想问："元宇宙是下一代互联网吗？""真的有元宇宙产业吗？如果有，它是二产还是三产呢？""会不会像互联网一样，有'元宇宙+'写入政府工作报告呢？"等等。我不敢说，我以上的回答是正确还是错误的，我只能说，通过自问自答，我觉得大部分人，对于元宇宙的理解还处于"盲人摸象"的阶段，当然，我也是那个摸象的盲人之一。

虚拟人，第一批元宇宙的原住民来了

2021年被称为元宇宙元年。在这条新赛道上，VR、AR、MR（Mixed Reality，混合现实）、XR（Extended Reality，扩展现实）等虚拟现实技术蓬勃发展，让人们在游戏中更有沉浸感；5G传输、交互技术、人工智能等丰富了高质量、独特的数字内容；区块链、NFT等数字金融技术激发了数字藏品的流行。

除了上述这些，元宇宙还存在着一个潜力巨大的发展空间，那就是虚拟人。

一批虚拟人正如雨后春笋般出现。联通 5G+AI 未来影像创作中心的虚拟人安未希音乐才能尤为出众，清华虚拟女学生华智冰入学清华计算机系，江苏卫视 2022 跨年演唱会上虚拟人"邓丽君"与周深跨时空对唱，湖南卫视综艺《你好，星期六》启用数字主持人"小漾"当常驻主持人，抖音上顶着卷发器做表情的阿喜 Angie 正式成为钟薛高（中式雪糕品牌）特邀品鉴官。

不只在中国，海外虚拟人 Lil Miquela，被誉为史上第一个 CGI（Computer-generated Imagery，三维动画）时尚 Icon（偶像）。她在 Instagram 上拥有超高人气，坐拥三百多万粉丝，还曾与特朗普、蕾哈娜一同入选《时代》（Times）"年度网络最具影响力人士"榜单。Miquela 曾经和一位真人模特 Nick 谈恋爱，在交往半年以后，他们分手了。Miquela 发推特说，分手后的自己很脆弱。那段话说得跟真人失恋没有什么两样："我对所有这些情绪化的东西都不熟悉，我还有很多东西要学。我还没准备好，当我们分开时我会感到多么孤独。"

我看到这句话的时间是 2021 年。当时，我不禁在想，2022 年，会不会是虚拟人元年？真实人类和他们创造的虚拟人，正在形成崭新的社会关系。形形色色的虚拟人，将会成为第一批元宇宙的原住民，在虚拟新大陆上构建后人类社会。

根据头豹研究院的定义，虚拟人是指通过计算机图形学、图形渲染、动作捕捉、深度学习、语音合成等技术，打造出的具备数字化外形的虚拟人物。虚拟人的特征在于：

第一，它存在于非物理世界中，依托显示设备呈现形象，是存在于数字世界当中的虚拟形象。

第二，它具有特定的人设、性格及能力，能够让用户相信它的存在。

第三，它能够与用户产生双向的互动。

在我看来，虚拟人可以分为两个大类。

一类是现实人的虚拟化，即真实的人在虚拟世界的数字分身。

另一类则是虚拟人的现实化，即虚拟的人在现实世界的真实呈现。

基于现实人原型创作的虚拟人，又可以被称作真人驱动型虚拟人，是以真人为基本核心，在网络上形成一个自己的虚拟化身。

这一大类，又可以大致分成三个小类别。

第一个小类别，是真实的人在虚拟世界的 1∶1 完美复制。你可以把它看作"真假美猴王"的元宇宙版本。用户可以通过 3D 建模、动作捕捉、渲染等技术，制作出一个和自己一模一样的虚拟人。

2022 年全国两会期间，央视频推出了"AI 王冠"，有着自然的播报语气和丰富的表情，跟中央广播电视总台财经评论员王冠，属于 1∶1 的克隆复制，让人难辨真假。不仅如此，"AI

王冠"还拥有"分身术"，可以在手机 App、网页端、H5 小程序分别建立专属模型"程序"。在我看来，这不就是《西游记》中孙悟空拔下毫毛，施展的大分身普会神法吗？

第二个小类别，是真实的人在虚拟世界塑造的和自身相似的卡通形象，类似于 Memojis 形象。2021 年 3 月，微软正式发布全新混合现实协作平台 Microsoft Mesh。通过佩戴 AR 设备 Hololens 2，我们可以设置一个虚拟形象，并与他人在一个共同空间协同工作，一起讨论或者完成设计。在宣传片中，我们可以看到，那些修理电动汽车发动机或学习人体解剖学的工程师或医科学生，无论身在何处，只要借助全息人像，就可以出现在共享式虚拟空间，聚集在全息模型周围，自由操作发动机或解剖人体肌肉。

类似的应用，是 Meta 公司的 Horizon Worlds 应用。在 Meta 的元宇宙中，人们需要创建一个虚拟化身（Avatar）代表自己，而这些化身可以去虚拟世界的任何地方——拜访朋友，参加会议或者演唱会，与异国他乡的朋友一起用餐。

第三个小类别，则是真实的人在虚拟世界里塑造的和自身完全没有关系的虚拟人，我们可以看作重构的真实的我——一个完全不同的数字分身。

美国 Epic Games 公司旗下的虚幻引擎平台 Unreal Engine 发布了一款全新工具"元人类生成器"（MetaHuman Creator），能够帮助我们轻松创建和定制逼真的虚拟人，包括制作出能够惊艳玩家的游戏角色、在最新的虚拟制片场景中使用经得起近镜头考验的数字替身，或是在沉浸式培训环境中添加无比可信的虚拟参与者。

也许将来会有这么一天，现实世界的真实人都可以在元宇宙中拥有一个或多个虚拟人，我们不断地将自我数据上传、更新与迭代，构造着虚拟世界当中的另一个"我"。同时，未来虚拟分身会成为新的消费主体，我们运用虚拟分身进行社交、购物、娱乐、旅游甚至生产。在不同的监管模式下，虚拟身份和现实身份之间的关系可能是"前台虚拟，后台实名"，也可能是匿名的。这些虚拟人以数据为食，在与真实世界的不断互动中模糊着两个世界的边界。

第二大类的虚拟人，则不属于任何现实世界的真实人类，而是通过技术和运营，塑造出来的一个逼真的数字角色，类似游戏中所熟知的 NPC（非玩家角色，指的是电子游戏中不受真人玩家操纵的游戏角色）。

这类虚拟人的现实化，我们也可以称它们为人工智能驱动型虚拟人，其本质就是拥有定制化虚拟外表的人工智能，通过深度学习技术驱动其语音、面部表情和肢体动作等不断进化。

像 AYAYI、柳夜熙，以及清华虚拟学生华智冰就分别是该类型虚拟人在娱乐、游戏和教学领域的现实应用。

在这一大类的虚拟人中，我们又可以分为两个小类，IP 类和非 IP 类。IP 类通常是走向虚拟偶像、虚拟代言人等，而非 IP 类则是服务型的，用来替代或者协助人类完成部分工作，主要应用方向是虚拟客服、虚拟助理、虚拟直播等。

2007 年，日本克理普敦未来媒体有限公司推出了虚拟歌姬"初音未来"，一经推出后大受欢迎，这可以看作 IP 类虚拟人作为虚拟偶像明星的鼻祖。

2021 年，一个 IP 名为"柳夜熙"的抖音账号发布了一条视频，主角柳夜熙以虚拟人物形象登场，和一众真人演绎了一个"捉妖"的故事。柳夜熙仅发布 3 条视频便涨粉近 800 万，被赞为元宇宙视频创作的"当家花旦""天花板"。一夜走红的背后，其实足以证明目前的计算机动画、引擎建模、渲染、动作捕捉等技术已能够完成高度仿真的虚拟人，那个建模贴图粗糙的年代已经逐渐离我们远去。

如果说柳夜熙是 IP 类虚拟人的代表，那么非 IP 类虚拟人的代表，应该是 2021 年万科总部最佳新人奖的获得者崔筱盼。她是万科首位数字化员工，主要工作是发票与款项回收事项的提醒，业务证照的上传与管理、提示员工社保公积金信息维护。很多万科员工，在她得奖之前，都不知道给他们发邮件的这位同事不是真人。万科集团董事会主席郁亮，在朋友圈介绍：崔筱盼在系统算法的加持下，"很快学会了人在流程和数据中发现问题的方法，以远高于人类千百倍的效率在各种应收 / 逾期提醒及工作异常侦测中大显身手。而在其经过深度神经网络技术渲染的虚拟人物形象辅助下，她催办的预付应收逾期单据核销率达到 91.44%"。

当然，虚拟人的诞生和发展，并不如我们上面讨论的，有百益而无一害，它会对传统道德和伦理提出新的问题：当虚拟人发展到可以更改"人的本质"，即后人类的到来，人类和虚拟人都可能成为超人。但我们并不能因此成为科技进步的奴隶，否则可能会重新回到弱肉强食的等级社会。

这便是美国著名社会学家弗朗西斯·福山（Francis Fukuyama）在他的著作《我们的后人类未来：生物技术革命的后果》（*Our Posthuman Future: Consequences of the Biotechnology Revolution*）中提出的警告：技术进步的最大危险在于它有可能修改乃至改变人类的本性，"人性终将被生物技术掏空，从而把我们引入后人类的历史时代"。

在元宇宙时代，当我们再次面对著名的电车难题时——是不是要扳动道岔让电车转向岔路，去撞死一个人而拯救路上的五个人？或者，是不是要把胖子推下桥，挡住电车而拯救那五个人？我们也许会多一个更加艰难的选择，在这个问题里面，我们面对的可能不再是人类，而是一个虚拟人。

虚拟人为你赚钱，想象空间很大

在上一篇中，我罗列了当前虚拟人的两个大类及大类下的几个小类。如果说硬件设备、游戏、数字藏品等都是元宇宙大概念下的新赛道，那么这么多虚拟人的出现，如何商业变现，如何成为新风口和新赛道？

罗布乐思提出的元宇宙八大要素中，排在第一位的是身份。每一个进入元宇宙世界的用户都需要有一个虚拟身份。虚拟人可作为人类的第二身份，让每个用户都拥有一个自己的虚拟形象，完成崭新的虚拟人生。同时，元宇宙亦赋予虚拟人更多可能，或在未来让真人和虚拟人实现同一世界内的实时互动。

既然未来每个真人都需要数字分身，那么虚拟人产业自然会成为元宇宙的新基建赛道。我们可以看到，柳夜熙、阿喜 Angie、AYAYI 等鲜活而破次元的形象正在邀请用户步入元宇宙的大门。虚拟人的应用范围在扩大，产业在丰富，商业模式在演进，收入在多元化。无论是在社交娱乐、影视媒体，还是在金融教育、营销传播、快速消费，甚至部分传统产业，虚拟偶像、虚拟代言人、虚拟员工、虚拟主播等的价值正在逐渐凸显。

虚拟人的商业变现模式，从大类上看，和其他行业一样，既可以有"对商家端"（To Business，简称 To B），即大客户自己采购自己用，或代理商为赚钱而买进卖出，又可以有"对消费者端"（To Consumer，简称 To C），即用来促进用户消费。

在"对商家端"的应用中，目前可以看到的应用主要在于金融、文旅、教育领域，变现模式主要为需求方采购虚拟人来替代真人。发展方向则是从早期无形态的语音机器人，到目前可以简单交互的虚拟助手，直至将来更具真人模样的实时交互虚拟人。

我们以银行为例：银行的每个营业网点，原来平均配备 3至 5 名客服人员，如果要提供 7×24 小时的服务，还要准备一倍的人力，成本极高，而且服务质量参差不齐，间或还会碰到员工跳槽后重新招人进行入职培训等一系列问题。

浦发银行在商业银行中率先和百度合作，启用了人工智能驱动的 3D 金融数字人"小浦"。作为数字产能，虚拟金融数字人一经研制成功，便能多区域、多场景、多工种、多次永续使用。业务办理、风控合规等服务水平，还能达到全行标准如一人，也就是说，只要有一个劳动模范，就可以按照他的标准定制化复制。虚拟人的一次性研发、硬件设备、软件迭代升级的成本，都可以由总行来承担，其他分行或支行应用的边际成本几乎为零。

为此，百度董事长兼首席执行官李彦宏是这么介绍金融数字人的：他们"不怕 996，可以不吃饭、不睡觉，7×24 小时地为人们服务，而且非常善解人意，从来不会发火，永远都很体贴"。

在文旅领域，虚拟人的应用主要用来替代专业的解说员和导览员。2020 年世界人工智能大会上，商汤科技发布了一款虚拟人"小糖"，作为"AI 上海应用场景"现场展台的专属讲解员。它的原型来自一位上海的漂亮女演员，技术人员通过 AI 技术深度学习到她说话的模样，生成了和她一样的虚拟人，替代她进行会话和表演。她可借助展台前的滑动屏幕，讲述预先设定好的讲解内容。

同样，腾讯也推出了虚拟导览及虚拟客服"小春妮"，在北京文博会期间，担任 AI 虚拟导览，并为北京展厅及 30 家参展企业提供问答服务。它可以为用户提供绘声绘色的展厅讲解及问题解答。

在医疗卫生、教育领域，也会逐渐出现虚拟导诊员、虚拟病人和虚拟助教。在医疗场景下，虚拟导诊可以提供医院导览和导诊；虚拟医生助手可以针对病人情况先做出基础的诊断和分诊；而医生则可以在虚拟病人身上试验新药，模拟手术。

新冠病毒大流行期间，我一度非常担心一件事，这么多新冠病毒的感染者，当他们痊愈回归社会的时候，会不会还受到异样的关注？如何对这一群体及时加强心理疏导，做好人文关怀，让他们远离"感觉剥夺"综合征？如果这时候，可以有多模态的 AI 虚拟医生充当健康顾问，甚至充当那个提供关怀与陪伴的心理医生，一定可以解决疫情重压下心理医生短缺的问题。

在"对消费者端"的应用中，目前还是集中在传媒、游戏、文娱、电商等领域，变现模式以打造虚拟偶像（IP）为主，类似互联网经济的先扩大粉丝流量，再通过流量变现。

虚拟偶像拥有独立身份，被赋予独特的个性特征，参与现实生活中的娱乐和社交，从而创造经济收益。以洛天依和初音未来为代表的虚拟偶像，已经走出了成功的商业变现之路。

和传统偶像相比，虚拟偶像的打造省略了艺人选拔与培训环节，一旦研发成功，生命周期很长，而且可以不断迭代升级。同时，和传统偶像相比，虚拟偶像目前除了不能摆脱显示设备独立存在这个缺点，其他方面都有显著的优点，比如，不会疲劳，可以在任意时间段工作。最重要的一点，在见识过各种偶像明星人设塌房后，年轻人们更愿意粉人设稳定，且无负面新闻的虚拟偶像。

在冬奥会举办期间，多款虚拟人亮相各大主流媒体平台。中央广播电视总台新增了央视新闻 AI 手语虚拟主播，方便听障用户 24 小时快捷获取赛事资讯；腾讯 3D 手语数智人"聆语"也上线央视频，为冰雪赛事提供手语解说服务；由科大讯飞打造的央视主播王冰冰虚拟形象，在《冰冰带你说冬奥》专属 H5 中亮相。

我在和本地媒体集团总裁的交流中也发现，他们也高度关注虚拟主持人这个领域。2021 年 10 月，广电总局发布《广播电视和网络视听"十四五"科技发展规划》，明确提出推动虚拟主播，广泛应用于新闻播报、天气预报、综艺科教等节目生产，创新节目形态，提高制播效率和智能化水平。

在这一政策利好下，如果哪个电视台或者融媒体中心没有一个虚拟主持人的话，我想它们失去的不只是一个机会，而会是一个时代。

为此，我们可以看到上市公司风语筑和安徽广电合作打造虚拟主持人"安小豚"，并将开展虚拟直播间、虚拟 IP 运营等元宇宙领域的合作。这是双方继打造"广电新物种"AH SPACE（安徽空间）后的再度联手。蓝色光标也推出了虚拟人

"苏小妹"，为北京卫视春晚增加了跨次元的国风科幻色彩。

主流视频网和地方电视台对于虚拟人的期待，似乎还远远不止让它们作为嘉宾担当绿叶那么简单。它们甚至专门制作了几档以虚拟人作为核心的节目，比如，爱奇艺的虚拟人物才艺竞演节目《跨次元新星》，以及江苏卫视的动漫形象舞台竞演节目《2060》。

无论是 To B，还是 To C，从技术到场景，再到盈利的商业闭环，虚拟人产业其实还有很长一段路要走，特别是要突破现有技术的瓶颈。在视觉技术上，要突破"更像真人"的难关，使其在外表形象上更加贴近人类。在智能技术上，要让虚拟人更加聪明，并有鲜明的个性。在交互技术上，除了文字之外，还要有更多维度的交互方式，如语音、视觉跟踪、姿势等。在沉浸技术上，要借助 VR、全息影像等设备为用户呈现更加身临其境的互动体验。

2017 年上映的科幻电影《银翼杀手 2049》（*Blade Runner 2049*）展现了未来社会的"人类"构成：生物人、电子人、数字人、虚拟人、信息人，以及他们繁衍的拥有不同性格、技能、知识、经验的后代。电影中的世界，是一个亦真亦幻的未来世界，一个人类越活越不像人，而虚拟人越活越像人的奇幻世界。

在元宇宙概念中，未来每个用户都将依托虚拟人为化身进入虚拟世界中探索，虚拟人技术将成为元宇宙时代的基础技术之一。那么，问题来了，如果真有那么一天，虚拟人产业蓬勃发展，我们该不该向虚拟人征税呢？

其实，这也不算是个新问题吧。早在 2017 年，比尔·盖茨在接受《石英》（*Quartz*）采访时曾表示："一个在工厂中做着价值 5 万美元工作的工人，政府会收税；如果一个机器人做着类似的工作，那么也应该收取类似水平的税。"他的理由很简单：机器人抢走人类的饭碗，总该付出点儿补偿吧。政府可以利用税收帮助因"机器换人"浪潮而失业的人们。

我拿这个问题请教了在税务部门工作的朋友。他认为真有那么一天，虚拟人后面总有一个受益实体，要么是企业法人，要么是自然人，穿透过去还是能够征税的。或者，也可以探讨向虚拟人征收虚拟税（数字货币），向自然人征收实体税（人民币）。想想也对啊，虚拟人背后，终究有着一个真实的人。就像最早的电商是不征税的，现在不也征税了吗？

不过，会不会有那么一天，我们的税金也由虚拟人来计算了呢？

数字分身时代：当我遇到另一个我

一次长沙之旅，让我对数字虚拟人有了更深的了解。

我参观的第一家公司是万兴科技。这家 A 股上市公司被视为"中国版 Adobe"，原因是它在数字创意软件领域的突出表现与 Adobe 相似。万兴科技旨在为全球海量新生代用户提供简单高效的数字创意软件、潮流时尚的创意资源和丰富多元的生态化服务，助力每一位新生代创作者将头脑中的灵感转化为可见的创作。

我特别对他们的"万兴播爆"AIGC 产品产生了浓厚的兴

趣。该产品包含了180多种来自不同国籍和种族的数字人形象，同时支持超过120种配音语言。它提供了"真老外"数字人、个人专属孪生数字人定制，以及新创意的"外籍模特"数字人定制三种服务。在这里，我为各位读者稍微解释一下，就是客户可以选择一个真实的外籍模特形象，克隆一个与自己相似的数字人形象，或设计一个在真实世界中不存在的外籍模特形象。目前，他们的主要客户是跨境电商卖家，帮助他们使用虚拟主播进行大规模的视频制作。

在"万兴播爆"及其类似产品出现之前，商家的痛点是实景拍摄的复杂性和高昂的成本。传统的实拍方式需要专门的拍摄场景、花费重金雇用外籍模特，且经常因语言翻译障碍而增加拍摄的难度。此外，后期剪辑制作既耗时又昂贵，使得整个生产过程的成本居高不下。

但随着"万兴播爆"这种工具的问世，一切都变得更加简单和高效。这些工具利用AIGC和虚拟数字人技术，使商家能够快速生成虚拟主播。更令人称奇的是，商家还可以在软件内轻松完成换配音、换语言、换模特等操作，为观众提供24小时不间断的产品推荐和介绍，大大提高了生产效率和质量。

我去的第二家公司名为芒果幻视科技有限公司。这是湖南广电旗下的全资国有企业，是芒果系在VR、AR、MR等拓展现实领域的头号战略布局。公司的愿景是成为集XR虚拟制作、数字人研发、区块链技术底层研发、数字孪生软件开发、虚拟内容运营为一体的综合型新兴 XR 科技公司，同时也为芒果品牌打造一个独特的元宇宙。

芒果幻视的代表作品就是为湖南广电创作的数字主持人——小漾 -Young。这位高度仿真的数字主持人，每周都会在《你好，星期六》中露面，已经成为国内广播级数字主持人的标杆性产品。不仅如此，芒果幻视还与另一大型芒果综艺节目《全员加速中》合作，打造专属元宇宙虚拟内容环节。从长沙回来后，我特意看了两集新一季的《全员加速中》，里面的元宇宙鼓浪屿比特空间的设计，出乎意料地奢华和前卫，让人感受到强烈的科技未来感。

接待我的芒果幻视总经理，在微信上使用"乌托邦主"这一别致的昵称，他的签名则是"自己是数字孪生龙"。从这微小的细节，我可以捕捉到其背后的宏大志向——他们所追求的，绝不仅仅是助力传统的电视综艺。

深入交流后，我了解到他们正在积极筹划搭建"芒果幻城虚拟社交系统"——芒果系的元宇宙平台，它也是湖南广电在5G 时代的核心战略布局。在芒果幻城中，用户足不出户，就可以轻松体验芒果系的生态内容。用户可创造个性化的虚拟空间，购置地块，建造各具特色的房屋楼宇。并且，芒果幻城将整合芒果系的娱乐资源优势，邀请大家耳熟能详的明星和虚拟人进驻。一方面，它借助融合沉浸的音乐和动感迷幻的视觉效果，搭建了虚拟秀场，邀请明星和虚拟偶像参与其中；另一方面，它还会联动热门综艺，让用户通过 VR 技术直接进入真实的综艺现场，与心爱的明星近距离接触，挑战元宇宙虚拟音乐竞演秀"歌王"。

湖南广电一直站在创新的前沿，是一个不断创新的媒体巨头。从十年前的"湖南卫视"到如今的"芒果TV"，他们曾创下了"凡有华人处，必闻芒果声"的传奇。而现在，芒果幻视无疑是他们为未来做出的新的布局。从"芒果TV"跃迁到"芒果幻视"的变革，预示着未来的电视台，将与今日截然不同。

参观完这两家先锋科技公司后，我对今后的数字虚拟人趋势有了一个大胆预见：拥有个人的数字分身，对我们每个人来说，可能已经不再遥远。

元宇宙的发展核心理念之一，便是每个人都应拥有属于自己的数字分身。只有拥有了自己的数字分身，我们才能真正融入并活跃于元宇宙之中。在我看来，元宇宙内的居民可以被大致划分为两大类。第一类，基于真实人类，利用尖端技术打造出与真人外貌、行为高度相似的数字形象，我称之为"数字孪生人"。第二类，则不以真实人类为基础，而是通过人工智能技术创造出的原创虚拟形象或与二次元角色相似的形象，这类我称其为"数字虚拟人"。

若元宇宙想要真正普及并蓬勃发展，关键在于如何低成本、高效率地为每个人创造这样的数字分身。而当我们开始深度探索、体验元宇宙时——如在其中召开会议、办理工作，每个人的数字分身将成为不可或缺的一部分。

我注意到许多与数字化相关的大会，都开始有一个共同的趋势：数字人成了这些高端会议的主持人或共同主持人。例如，在 2023 中国国际大数据产业博览会上，中国电信的数字人"数数"与资深主持人康辉一同主持了开幕式。同样，在 2023 第十一届互联网安全大会上，360 公司推出的数字主持人"可心"登台主持，作为首位数字人嘉宾，中国互联网协会理事长尚冰也以数字人形象参与致辞。在一个分论坛中，数字化的"马斯克"甚至与《证券时报》的记者进行了现场互动。

看似这只是技术与现实的碰撞，但更深层次地看，这预示着数字人正逐渐成为千行百业不可或缺的新工具。想象一下：结合传媒、金融、医疗、教育、影视、政务、直播、零售等多个领域，千行千面的数字人将成为新的交互界面。随着 ChatGPT、文心一言等大模型的进化，数字人也同步进化为融合语言理解能力、表达能力和智能交互能力的数智人。数字人工作时间无限制、出错率少、后期维护成本低，这些优势都能为产业带来发展契机。

以腾讯在数字人领域的布局为例，除了常见的服务型数字人，如数字主持人和数字客服，他们还引入了身份型数字人，包括沉浸式的线上营销代表和数字 IP 员工。这些数字人既可以是勤奋尽责的工作伙伴，也可以是颇具吸引力的网络明星。

事实上，数字人正在成为一种新兴的"硅基"劳动力，与现实中的自然人、各类机器人一道，共同参与、互动并合作，共同塑造一个充满可能性的未来。

在数字化的时代，每个人都有机会通过数字人来体验自己生活的另一种可能性，这如同开启了一个个人生的副本。设想你的 A 版本——那是一个充满好奇心的学者，他步入元宇宙的校园，自由选择研究课题，或许在那里他能遇见同样热爱知识的伙伴，一起探讨哲学或研究星际物理。

而你的 B 版本，则更加憧憬童话般的冒险。他可以轻松地走进迪士尼乐园，与米老鼠、唐老鸭等经典角色畅玩，享受那纯真的快乐。每个角落都留下他与虚拟伙伴们的欢声笑语。

当提及 C 版本，他更像是你内心深处的冒险家。在 2022 年，浙江省文旅厅便推出了"元宇宙游浙江"的项目，让人们有机会在这个虚拟世界中畅游西湖、普陀山、渔光之城等名胜古迹。而 C 版本不满足于此，他更进一步探索元宇宙的边界，在广袤的游戏领域中寻找机会，可以是一名骑士，或是一位魔法师，在游戏空间创建一种与现实平行的生活，结交朋友，甚至有了自己的家族和事业。

随着技术的进步，这些曾经只存在于幻想中的副本生活，如今逐渐成为现实。无论是学术探索、纯粹的娱乐，还是冒险挑战，数字化的世界都将为我们打开一扇扇全新的大门，让我们有机会以不同的身份，体验不同的人生。

数字人，作为当代新兴的劳动形态，呈现出开源、无限供给且不参与人类资源分配的特质。然而，我们不得不思考：数字人的发展是否永远都对人类有益？出于对数字人的不安，好莱坞一度爆发近六十年来最大规模的劳资冲突。

2023年7月，代表16万电视和广播艺人的美国演员工会（SAG-AFTRA）宣布，由于与美国电影电视制作人联盟（AMPTP）的谈判陷入僵局，他们决定从7月13日午夜开始展开罢工。美国演员工会谈判代表声称：这次罢工的导火索之一，就是电影制片公司意图不经授权、永久性地，而且免费地使用他们肖像的人工智能复制品。

此次罢工，是1980年以来电影及电视节目演员发起的首次大规模罢工行动，也是1960年以来美国编剧与演员工会首次齐声抗议。许多美国演员担心，计算机合成的表演将会替代他们独特的声音和面容，而电影公司可能会在未经允许或未支付报酬的情况下，利用人工智能创建他们的数字分身，并对其表演进行数字化编辑。与此同时，美国编剧们也深感忧虑，他们担心电影公司利用人工智能生成剧本，或者大规模训练那些所谓的大语言模型。这样的模型能够基于他们原创的作品，大量衍生出各式各样的新剧本。

随着技术的进步，数字人也为好莱坞带来了前所未有的机会和可能性。2013年11月30日，当保罗·沃克（Paul Walker）在《速度与激情7》(Fast & Furious 7) 的拍摄期间突然去世，整个电影界都为之震惊。幸运的是，他在生前已完成了大部分场景的拍摄。为了完成电影，制片方邀请了他的两位弟弟，科迪·沃克（Cody Walker）和迦勒·沃克（Caleb Walker），作为他的替身，并结合电脑生成图像技术，将保罗的身形、面容和声音完美地融合到电影中。但这一过程的成本高达 5000 万美元。

对电影制片方而言，演员在拍摄过程中的突然离世无疑是最令人担忧的事故。在这样的情况下，传统好莱坞会采取三种应对策略：

第一，通过使用替身、特效及旧有的镜头剪辑来完成这位演员的戏份；

第二，修改剧本以令角色"去世"；

第三，调整剧情并重新进行拍摄。

无论采用哪种策略，都会像《速度与激情7》一样，给剧组带来高昂的额外开销。

但现在，随着数字人技术的日渐成熟，如果每位演员在进组前都创建了自己的数字分身，那么面临突发情况，电影制片方就有了更多的选择空间。利用数字人，制片方可以无缝地完成演员的戏份，不仅可以保证影片的质量和故事的完整性，而且大大节省了成本。这也可能成为未来电影产业标准化的一部分，为影视制作提供更大的灵活性和稳定性。

随着技术的进步和数字人在各领域的广泛应用，其法律属性和权益保护问题越来越受到关注。中国，作为全球最大的数字经济体，已经深切地意识到这一点，并开始积极地探索和创新应对策略。2022 年，最高人民法院公布的"民法典颁布后人格权司法保护典型民事案例"中，就有一个"AI 陪伴"软件侵害人格权案，认定人工智能软件擅自使用自然人形象创设虚拟人物构成侵权。

2023 年 5 月，杭州互联网法院就首例涉"虚拟数字人"侵权案做出一审判决，认定被告杭州某网络公司构成著作权侵权及不正当竞争。这一判决，为涉及数字人的著作权、不正当竞争等法律问题，提供了初步的指导。但在这个案例中，法院仅对非真人数字分身的数字人进行了认定，这意味着真人分身的数字人的法律地位和保护仍处于未知领域。对于真人分身的虚拟数字人与真人之间的关系，尤其是其知识产权、姓名权、肖像权等的确定和保护，还需要进一步的探索和明确。

作为消费者，我们将面临的问题是：当知识类 App 的知名大 V 用其虚拟人给你授课，你会质疑他们的真诚还是觉得内容好就行？当了解给你介绍商品的主播是虚拟人，你会降低购买欲望还是觉得产品好最重要？当得知你喜欢的网络主播其实是虚拟人，你会觉得被欺骗了感情还是继续关注？当你在音乐软件上听到一首感动人心的歌曲，却发现是由 AI 作曲，你会因为它的非人创作而抑制自己的情感波动，还是继续被旋律触动？当在视频平台上，一个机器人播客为你推荐书单，你会怀疑它的品味，还是相信它的算法是为你量身打造的？

这些问题没有固定的答案，因为每个人的观点和情感都是独特的。但可以确定的是，随着技术的进步，这些问题将逐渐成为我们日常生活中的常态，我们对"真实"与"虚拟"的认知、接受度和边界，正经历着前所未有的挑战。

杭州亚运会，1.04亿名线上火炬手汇聚于钱塘江，形成一个具象的数字火炬手，踏着钱塘潮涌，打破时空壁垒，奔向"大莲花"上空，和第六棒火炬手会合，"数实融合"点燃主火炬塔。这一震撼的场景不仅仅是技术与创意的结晶，更是对未来人类与数字世界关系的深刻预示。

在这个数字化蓬勃发展的时代，数字人不再是遥不可及的科技概念，而是与我们日常生活紧密相连。然而，随之而来的是对真实与虚拟、情感与技术之间界限的反思。面对数字人的完美无瑕，我们是羡慕其无限的能力，还是更加珍惜自己的真实情感和体验？当数字人为我们提供咨询和指导，我们是全盲地跟随算法的推荐，还是倾听自己内心的声音，进行独立判断？我们应该如何定义自己在这个虚拟与现实交织的世界中的身份？我们应该如何在数字人的影响下重新审视自己的真实存在？我们又该如何在虚拟与真实之间找到那个平衡点，既坚守自我，同时又不失去对新事物的好奇和探索？

Part2

纷繁困境

人工智能时代的难题

我们所面对的，

可能不是非黑即白的单一答案，

而是一幅由多种灰色调构成的复杂而多元的画面。

如果内容精彩，你在乎作者是 AI 吗?

在探讨人工智能与文学创作的交汇时，一个引人注目的新闻故事浮现在我们眼前。2024 年 1 月，日本第 170 届芥川文学奖揭晓，33 岁的作家九段理江凭借《东京都同情塔》赢得这一殊荣。在获奖感言中，九段理江透露，她的小说中约有 5% 的内容，是完全由人工智能 ChatGPT 生成的，并且是"原汁原味"一字不差地使用，没有任何修改。她补充说，自己会向 ChatGPT 吐露一些"永远不会对任何人说"的想法，并且"计划继续在小说创作中利用人工智能，并充分发挥自己的创造力"。

这一披露立即在文学界引起了轩然大波，掀起了有关人工智能在创意写作中所扮演角色的激烈讨论。作为一个备受瞩目的文学奖项，芥川文学奖的评选一直被认为是对作者独创性和文学才华的肯定。然而，九段理江的获奖作品中居然融入了人工智能生成的内容，这不仅令人质疑她的作品的原创性，也引发了一个更广泛的问题讨论：在这个由人工智能技术日益渗透的时代，我们对文学作品的原创性和创作者的身份该有怎样的新认识？

在社交平台上，大家对此事件的反应各异。一部分人表示，九段理江使用人工智能，令她的作品《东京都同情塔》更加引人入胜。也有人认为，这种依赖人工智能的创作方式对那些坚持传统写作的作者构成了不公平的竞争，或许会降低人类独立创作的价值和地位。

那么，亲爱的读者们，我想问诸君一个问题：如果一部文学作品内容足够精彩，你是否真的在乎其作者是 AI 还是人类？

在传统的文学创作中，原创性一直被视为作品的核心特质。它与作者的独特视角、个人经历和内在情感密不可分。然而，当 AI 走进这个领域，情况就变得有点儿像是从一场独奏变成了合唱。文学作品不再完全是出自一个人的脑袋，还可能融合了算法和数据的力量。作品开始带有算法的味道，而不仅仅是人类情感的香气。这种情况下，作品的"人性"和"原创性"成了需要重新定义的概念。

在人工智能的协助下，九段理江的创作过程不再是传统意义上的单一人类努力，而是成为人机协作的产物。想象一下，一个是充满情感和创意的人类，一个是处理能力超强、逻辑严密的机器，他们坐在一起，互相啃着铅笔，讨论着下一句该如何铺开。在这个过程中，AI 不只是台打字机或笔记本电脑，它更像是一个合作伙伴，参与创作的每一个环节。

这种协同既包括人类的感性和创意，也融入了机器的计算能力和数据处理能力。在这种模式下，请告诉我，当一部小说让你笑中带泪，你会在意是谁在幕后掌舵吗？就像在美食前争论是机器人还是大厨做的这道菜——只要好吃，谁还管它来自哪里呢？

这种前所未有的创作模式，对文学作品的作者身份也提出了新的定义和挑战。如果未来某天 AI 自荐参加作家协会，我们该如何应对？当人机合作成为新常态，AI 贡献的内容是否应该被视为作品的一部分？那些由 AI 独立创作的段落，我们能否将其视为独立的创意产物？由 AI 生成的部分是否能够被认定为具有独创性？或者，我们应该把它们看作人类创意思维的延伸和扩展？

此外，如果 AI 在创作过程中扮演了重要角色，人类作者的身份又该如何定义，作品的著作权又该如何界定？这些问题不仅是对传统文学理论的挑战，也对版权法提出了新的考验。

面对 AI 参与文学创作的现象，我也询问了身边的一些朋友，观点各异。有的人担忧，AI 的参与可能会削弱文学作品的人文价值和创作的独创性。毕竟，文学作品被赋予了表达人类情感、思想、经历的重任。它们之所以吸引人，是因为展现了人性的复杂和矛盾——这些，似乎是冰冷的算法难以触及的领域。

著名作家萨尔曼·鲁西迪（Salman Rushdie）也对 AI 创作持批评态度。据媒体报道，他曾对模拟其写作风格的 AI 不以为然，称其为"彻头彻尾的废话"。他还幽默地加了一句："任何对我作品略有了解的人，都能立刻辨认出，这样的文字绝不可能出自我的笔下。"

另一方面，我也有朋友看到了 AI 加入文学创作所带来的全新视角和机遇。在他看来，历史上总有人担忧新技术会破坏传统艺术的纯粹性。就像过去有作家坚称，不用笔墨就不能创作。若能够穿越时空对话，我们可能会发现，古人认为只有手写作品才算是真正的创作，对印刷技术也嗤之以鼻。但是，从古代的毛笔书写到现代的电脑打字，再到未来可能普及的 AI 辅助创作，这一切的变化，其实都是为了一个共同的目标——创作出高质量的文学作品。我们应该更注重作品本身的质量，而非纠结于创作手段的变化。那些拒绝接受新技术的作家，可能会逐渐被时代淘汰。

他引用了科幻作家科利·多克托罗（Cory Doctorow）的一段话，来证明他的观点。"铁匠在啤酒中洒下眼泪，悲叹自己没有办法在铁路时代卖马掌，但是这并不会使他们的马掌更受欢迎。那些学习变成机械师的铁匠才会保住自己的饭碗。"在AI 的辅助下，文学创作可能会迎来前所未有的灵感和表达方式，从而丰富我们的艺术世界。

与萨尔曼·鲁西迪的保守态度形成鲜明对比，科幻作家刘慈欣在 2023 年的中国科幻大会上发表了前瞻性的观点。他预言："早晚会有一天，人工智能可以代替科幻作家或其他作家。"他直言不讳地指出："人们常说人工智能没有人的灵魂、人的感受，这不过是一种自我安慰。人自己的灵魂、感受，也是很多神经元细胞连接成复杂系统后涌现出来的。"

刘慈欣进一步说明："未来科幻作家不会彻底消失，但会沦为非主流，类似于现在的皮影戏。"在未来，人类的科幻创作仍将持续，但主流的关注点将转移到由 AI 创作的"大片"上。

刘慈欣的洞察不仅挑战了关于创作本质的传统观念，也为我们提供了一个全新的视角：AI 技术的介入不仅是当下文学创作的一种新现象，更是对未来文学趋势的一种预示。传统文学风格和流派是人类作者的经验、情感与世界观的反映。随着 AI 能力的扩展和增强，带来了全新的可能性：通过分析和学习大量文学作品，它不仅能辅助编辑草稿、调整风格，还能模仿特定作者的笔触。甚至，AI还可能突破人类固有的思维模式，展现全新的语言组合和叙事结构，孕育出全新的文学风格和流派。这种新视角可能会探索出人类作者尚未触及的主题和领域。

另一方面，AI在文学创作中的应用，还预示着作者与读者互动方式的革新。想象一下，未来的作者可以借助AI深入洞察读者群体的偏好，创作出更加符合读者期待的作品。传统上，文学作品一经完成就是固定不变的，但AI技术使文学作品从一成不变的状态转变为动态、互动的存在。例如，基于读者的反馈，AI可以实时调整故事情节，创造个性化的故事分支。或者，根据读者的阅读喜好，生成个性化的定制内容。这种新型的互动式阅读体验，将使文学作品更加生动和多元化。

此外，AI技术的飞速发展正打破文学创作的传统边界，预示着跨文化和多语言文学作品的新时代即将到来。随着AI在语言处理和翻译领域的能力不断增强，文学作品能轻松跨越语言和文化障碍，实现全球范围内的文学交流与共鸣。这不仅让各种文化背景下的读者有机会欣赏到更广泛的文学作品，也为作家提供了更加多元化的创作灵感。

可以预见的是，随着AI技术的不断进步，我们可能会见证更加丰富多彩的文学景象，从辅助写作到互动式阅读体验，再到跨文化交流的推动。在这个过程中，我们或许需要重新思考文学的本质，以及人类在这个日益由机器智能定义的新纪元中的角色和地位。

《东京都同情塔》的事件不仅是一个孤立的案例，更是一个重要的分水岭，迫使我们重新审视文学创作的本质，以及人工智能在这一古典艺术门类中所能扮演的角色。它向我们抛出了一个根本性的问题：在这个技术驱动的新时代，我们对文学的理解和期待究竟发生了哪些转变？

最后，让我们回到最初的问题：如果内容精彩，我们真的在乎作者是 AI 吗？或许，这个问题的答案并不简单。它不仅反映了我们对于技术的态度，也更深层次地触及了我们对于艺术、创造力和人性本质的思考。在这个由人类与机器共同编织的未来中，挑战也好，机遇也罢，我们共同面对的将是对这些复杂议题的不断探索和理解。

你用人工智能生成的作品，作者是你吗?

2023 年 12 月，一则关于人工智能与新闻道德的事件震动了媒体界。阿雷纳出版集团（Arena Group）——这个拥有《体育画报》（*Sports Illustrated*）和《男性杂志》（*Men's Journal*）等标志性杂志的媒体巨头，突然宣布解雇其首席执行官罗斯·莱文索恩（Ross Levinsohn）及另外两名高管。

这一决定的背后，是《体育画报》发表了一系列商业文章，这些文章不仅由人工智能撰写，并配有人工智能生成的头像。除了解雇上述三位高管之外，集团还同时辞退了总法律顾问朱莉·芬斯特（Julie Fenster）。《体育画报》网站也迅速删除了所有由这些虚构作者撰写的文章。

这一事件在社交媒体上引起了热烈讨论，引发了人们对人工智能在新闻制作中所扮演的角色和道德界限的深刻反思。一些网友将此次事件与德国某杂志曾用人工智能伪造赛车传奇人物舒马赫的"专访"相提并论，并感叹"这一幕似曾相识"。

毋庸置疑，以ChatGPT、文心一言、讯飞星火等为代表的生成式人工智能正在为新闻业的效率与变革带来各种机会。例如，新闻聚合网站BuzzFeed发布由AI作答的测试栏目quizzes，宣布将利用人工智能生成内容来撰写测试类文章，减少对人类编辑的依赖。同样，美联社建立了专门的人工智能和新闻自动化部门；《华盛顿邮报》（*The Washington Post*）成立了跨部门AI协同机制，包括战略决策团队AI Task Force和执行团队AI Hub。英国《金融时报》（*Financial Times*）甚至创设了新的职位，任命了一名人工智能编辑。

这些行动不仅为新闻工作者提供了高效的工具，也为新闻机构带来了额外的资源和创新的可能性。然而，也引出了关于新闻质量和真实性的专业问题。批评者指出，这种做法可能会损害向公众提供资讯的真实性和可靠性，模糊了人类和机器自动生成新闻之间的界限。对以深度分析和专业洞察著称的《华尔街日报》（*The Wall Street Journal*）等金融媒体而言，使用AI生成的内容更是可能会引起对财经报道质量和可信度的担忧。

首先，关于生成式人工智能创作的内容是否能构成法律上的文字作品或具有著作权的作品，是一个备受关注的问题。

《中华人民共和国著作权法实施条例》第二条明确著作权法所称作品，是指文学、艺术和科学领域内具有独创性并能以某种有形形式复制的智力成果。根据《中华人民共和国著作权法实施条例》规定，认定是否构成文字作品的考察要件包括：1.是否具有可复制性；2.是否以文字形式表示；3.是否具有独创性。目前，关于人工智能生成内容的最大争议点在于：这些内容是否具备独创性？

2023年11月，北京互联网法院针对人工智能生成图片（AI绘画图片）著作权侵权纠纷一案，做出一审判决。这是中国首例涉及"AI文生图"著作权的案例。案件庭审曾在央视和多个平台直播，累计吸引了约17万网友观看，引发了公众对于人工智能生成内容与著作权之间关系的广泛讨论。

案件其实并不复杂，原告李某某提出：2023年2月24日，其使用开源软件 Stable Diffusion 通过输入提示词的方式生成了一幅梦幻少女图片，并将其命名为《春风送来了温柔》发布在"小红书"（App）上。而被告百家号账号"我是云开日出"在2023年3月2日发布了名为《三月的爱情，在桃花里》的文章，配图使用了该图片，并剪裁掉了原告的署名水印。为此，原告向法院提起诉讼，要求被告道歉及赔偿损失。

法院在审理此案时认为，原告在生成这幅图片的过程中，进行了一定的智力投入。这包括设计人物的呈现方式、选择输入的提示词、安排提示词的顺序、设置相关参数，以及最终选定符合预期的图片等。因此，法院认定该图片体现了原告的智力投入，符合"智力成果"的要件。

重要的是，法院指出现阶段的生成式人工智能模型不具备自由意志，不能作为法律上的主体。人们使用人工智能模型生成图片时，本质上是人利用工具进行创作。在整个创作过程中，进行智力投入的是人，而非人工智能模型。这一判决为人工智能生成内容的著作权问题提供了重要的法律解释，明确了在现阶段人工智能创作过程中人的作用和责任。同时，这个案例对于未来相关法律解释和实践具有重要的指导意义。

其次，生成式人工智能塑造内容的权利归属问题，是当下知识产权领域面临的新挑战。

这一挑战，在 2023 年 8 月美国联邦地区法官贝利尔·豪威尔（Beryl A. Howell）的裁决中得到了体现。豪威尔法官驳回了 AI 企业家斯蒂芬·塞勒（Stephen Thaler）对美国版权局的诉讼。裁定由人工智能生成的艺术作品不受版权保护，并强调"人类创作是有效版权主张的重要组成部分"。

塞勒此前申请版权保护的作品为《最近通往天堂的入口》(*A Recent Entrance to Paradise*)，这是由其 AI 系统 Creativity Machines 创作的。他主张，人工智能应该有资格成为创作者，"如果人工智能符合作者身份的标准，那么 AI 系统的所有者应被视为版权的真正所有者"。但他的申请遭到版权局拒绝。

豪威尔法官并不认同塞勒的论述。她在其裁决中指出，即使人类创造力是通过新工具或新媒体实现的，人类创作者的身份仍然是版权保护的基本要求，是版权能力的核心。她强调，版权法从未授予"没有任何人类指导"的作品版权。

豪威尔法官还援引了过去的"猴子自拍版权案"来支撑她的判决。2011 年，英国户外摄影师大卫·斯莱特（David Slater）在印尼北苏拉维西国家公园参观时，相机被一只黑猕猴夺去，并拍下了自己的照片。这张猕猴的自拍照随即被全球多家媒体疯转。

然而，包括维基百科在内的好多机构却拒绝支付版权费。他们称，这是由动物拍摄的照片，因此，这张照片的版权根本就不属于斯莱特。同时，美国一家动物保护组织还状告斯莱特，侵犯了这只猴子的照片版权。2017 年 9 月 6 日，美国地方法院法官威廉·奥瑞克（William H. Orrick）表示，尽管美国国会已经扩大了动物保护法的范围，但并没有任何迹象表明动物可以拥有版权。为此，旧金山法院 2017 年做出判决，称版权保护不适用于猴子，明确了版权法中的"人类创作者"要求。

通过这个案例，我们可以看出，目前的法律框架仍然坚持将版权归属于人类个体。即便人工智能生成的内容在日益普及，其权利归属问题仍然是一个需要进一步探讨和解决的复杂议题。

在探讨生成式人工智能与知识产权的关系时，我们发现 2023 年下半年，针对 AI 训练数据的诉讼案件明显增多。这些案件集中在指控人工智能企业非法使用受版权保护的作品作为训练数据，从而侵犯了原作者的著作权。

2023 年 6 月底，作家莫娜·阿瓦德（Mona Awad）和保罗·特伦布莱（Paul Tremblay）向旧金山联邦法院提起诉讼，指控 ChatGPT 非法利用他们的书籍作为大型语言模型的训练数据。紧随其后的 7 月 10 日，喜剧演员兼作家萨拉·西尔弗曼（Sarah Silverman）和其他两位作者针对 OpenAI 的 ChatGPT 及 Meta 的 Llama 提起侵犯著作权诉讼，指控这些公司的大语言模型使用了他们未经授权的作品。到了 9 月 8 日，普利策奖得主迈克尔·夏邦（Michael Chabon）、剧作家黄哲伦（David Henry Hwang）等多位美国作家也对 OpenAI 提起了类似的诉讼。

这些诉讼引起了美国作家协会（The Authors Guild）的关注。该组织于 2023 年 7 月向 Alphabet、OpenAI、Meta 和微软等 AI 企业发表公开信，要求在使用受著作权保护的数据训练人工智能时，必须获得作者同意，并给予适当补偿。这封信得到了超过 1 万名作家的联署支持。

图片创作类的生成式人工智能也遇到类似的困境。盖蒂图片社（Getty Images）以侵犯版权和商标保护权的名义，在伦敦高等法院对 Stability AI 提起诉讼。他们认为 Stability AI 非法复制和处理了数百万受版权保护的图像，以训练其 Stable Diffusion 模型。此外，许多艺术家也提起了类似的诉讼，认为 AI 使用他们的作品作为训练素材，侵犯了他们的知识产权。

这些案例表明，随着生成式人工智能的发展和应用，知识产权领域面临着新的挑战和变革。现有的法律框架在处理 AI 生成内容的版权问题上显得力不从心，迫切需要进一步的调整和完善。

尽管关于生成式人工智能在新闻和写作领域应用所引发的知识产权争议日益加剧，也有相反的看法和理论支持 AI 创作的合法性和创新性。

一些法律专家和律师认为，当人工智能在训练过程中使用原有图像时，这种行为可以被视为二次创作。软件通过降噪和视觉重构的过程，并不是简单的复制，而是在创造新的表达方式，应被视为衍生作品。生成式人工智能带来的新表达方式赋予了原始作品新的意义。因此，当原版权作品的性质已经改变时，这种转化作品就可能属于合理使用的范围，不再构成侵权。

在国际范围内，一些国家如以色列、日本、英国等已经开始制定更加宽松的法律，以适应资料探勘（Text and Data Mining，TDM）的需要。这种国际法律差异引起了加州大学伯克利分校著作权学者帕姆·塞缪尔森（Pam Samuelson）教授的担忧。她指出，不同国家在人工智能训练规范上的差异可能导致"创新套利"（Innovation Arbitrage）现象的出现，即人工智能公司和从业者可能会选择在对人工智能训练规范较宽松的国家开展业务。

这场围绕人工智能与知识产权的辩论，不仅是法律问题，更是对人类创造力和技术革新的一次深刻探讨。一方面，有关人工智能生成内容侵犯版权的诉讼不断增加，反映了创作者和版权持有者的担忧。另一方面，支持认可人工智能作品合法性的观点和法律解释同样在增长，加之不同国家法律环境的多样性，使得这一问题变得更加复杂。在这个由算法和人类智慧共同编织的艺术世界里，寻找到一个明确的答案是困难的。我们所面对的，可能不是非黑即白的单一答案，而是一幅由多种灰色调构成的复杂而多元的画面。

你允许你的孩子用 ChatGPT 写作业吗?

继阿尔法围棋（AlphaGo）之后，ChatGPT 已然成为人工智能平民化的又一座里程碑。各行各业的人士都兴致勃勃地询问 ChatGPT 各类问题，有人打趣，ChatGPT 都快成为寺庙里解签的半仙了。

有朋友问我:"硕博研究生的论文通过 ChatGPT 写出来，能不能解决查重问题?"

他还追问:"如果 AI 想解决并逃避查重问题，应该也不难吧? 假设 AI 刻意向这个方向去发展的话。"

这两个疑问，相信很多读者也会有同样的感受。道高一尺，魔高一丈，一物降一物，科技不就是这么一步步发展过来的吗？

当 ChatGPT 在美国刚开始流行的时候，很多大学生都用它来写论文。

《纽约时报》（*The New York Times*）就有一篇报道，讲述美国北密歇根大学哲学教授安东尼·奥曼（Antony Aumann）在批改他的"世界宗教"课程论文时，发现一篇论文段落简洁，举例恰当，论据严谨，探讨了罩袍禁令的道德意义，堪称佳作。

不过，奥曼为此心生疑惑，在他再三质问论文作者之后，这位学生向他坦陈文章是用 ChatGPT 生成的。奥曼教授在此事件之后，决定改变论文写作要求，开始要求学生在教室里独立完成论文的第一稿，不得依赖电脑工具。

2023 年 1 月，学术期刊《护理教育实践》（*Nurse Education in Practice*）刊登了一篇关于开放人工智能平台在护理教育中的利弊的社论《*Open Artificial Intelligence Platforms in Nursing Education: Tools for Academic Progress or Abuse?*》。ChatGPT 被列为论文的第二作者，第一作者西沃恩·奥康纳（Siobhan O'Connora）在文章中坦承 ChatGPT 撰写了这篇社论的开头五段，所以 ChatGPT 被列为第二作者。据《自然》杂志（*Nature*）不完全统计，使用 ChatGPT 并将其列为作者的论文最少有 4 篇。

为此，这家权威学术出版机构针对 ChatGPT 参与论文写作，并被列为作者等一系列问题，做出了两条限制性规定：

1. 任何类似 ChatGPT 的大型语言模型工具都不能成为论文作者；

2. 如在论文创作中使用过相关工具，作者应在"方法"或"致谢"部分明确说明。

2023 年 1 月 27 日，路透社消息称：法国巴黎政治学院宣布该校将禁止使用 ChatGPT，学生不得使用 ChatGPT 完成作业，否则可能被学校，甚至被整个法国高等教育体系开除。巴黎政治学院因此成为欧洲首所对 ChatGPT 实施"封杀"的学校。

学院在正式通知中声称："ChatGPT 正在向全世界的教育工作者和研究人员提出一个涉及欺诈和剽窃的严肃问题，在没有透明参考的情况下，除特定课程目的外，学生不得使用该软件制作任何书面作品或演示文稿。"

其实，巴黎政治学院并不是第一所宣布禁用 ChatGPT 的学校。2023 年 1 月 3 日，纽约市教育部门就正式颁布 ChatGPT 禁令，不管是老师还是学生，都禁止在纽约市公立学校的网络和设备上使用 ChatGPT。

纽约市教育局发言人珍娜·莱尔（Jenna Lyle）宣布："ChatGPT 可以提供快速和简单的问题答案，但它不能培养学生批判性思维和解决问题的能力，而这些能力对学术和终身成功来说至关重要。"

其他大学也在陆续跟进，华盛顿大学正在修改学术诚信政策，以便将 AIGC 纳入抄袭的分类。他们认为："ChatGPT 有可能促进学习，也有可能欺骗学生。"

为此，普林斯顿大学大四学生爱德华·田（Edward Tian）还开发出了针对 ChatGPT 生成内容的检测工具——"GPT 归零"（GPTZero）。当用户将文字内容复制粘贴在输入框，就能在几秒钟之内得到分析结果，来判断这篇文章是 ChatGPT 还是人工撰写的。

然而，也不是所有的学校和老师都把 ChatGPT 视作洪水猛兽。在宾夕法尼亚州大学沃顿商学院，有一位开设"创业与创新"课程的管理学系副教授莫力克（Ethan Mollick）。他不但没有在他的课堂上禁止使用 ChatGPT，反而强制他的学生们必须使用。他在授课提纲里解释，使用 AIGC 已经成为一种新兴技能，他希望自己的学生能够利用这一"写作力量倍增器"把文章"写得更多"和"写得更好"。不过他也提醒学生，类似 ChatGPT 的服务可能会出错，学生必须学会交叉比对其他来源的信息，确认最终结果。另外，学生还要清楚地标明哪些地方由 ChatGPT 协助完成，这样才符合学术伦理。

和莫力克有同样想法的，还有来自俄勒冈州桑迪市的一位高中英语老师切丽·希尔兹（Cherie Shields），她在《教育周刊》（*Education Week*）上写了一篇专栏文章《不要禁用

ChatGPT，要把它当作教学工具》（*Don't Ban ChatGPT. Use It as a Teaching Tool*）。她认为教师们应当欢迎人工智能技术，并借用 ChatGPT 惊人的能力来提高学生的写作水平。正如当年教师们教学生如何进行正确使用谷歌搜索一样，现在则应该设计清晰的课程，教学生如何使用 ChatGPT 机器人协助写作。在她看来："承认人工智能的存在，帮助学生与之合作，可能会彻底改变我们的教学方式。"

我部分赞同切丽的观点。的确，ChatGPT 在寻找答案、解决问题的效率上已经逐渐超越了现有的搜索引擎，未来，ChatGPT 或许会改变我们获取信息、输出内容的方式。2023 年 2 月 8 日，微软就发布了融合了 ChatGPT-3.5 的新版本必应（Bing）搜索引擎。搜索框变大了，可以输入 1—1000 个字符，以便用户更精确地搜索。同时在"全部结果"一栏的旁边也不再是图片、新闻等项目，而是"Chat"的选项，就是 ChatGPT 这样的预训练模型对这个问题的解释。

那么，我想问读者朋友一个问题：ChatGPT 对教育领域来说，到底是应该被封禁的作弊工具，还是应当被鼓励的学习工具呢？

既然这事情涉及 ChatGPT，我们不妨先来听听 ChatGPT 自己对这个问题的回答吧。一如既往，ChatGPT 的答案总是那么面面俱到式的圆滑，看似回答了你的问题，但实际上并没有给你确凿的结论，而是给出了一个开放式的答案。

ChatGPT 在教育领域的角色可以从多种角度来评价。从一个角度来看，ChatGPT 是一个先进的学习工具，能够协助学生们了解和写作相关的知识，提高学生的写作水平。但从另一个角度看，ChatGPT 也有可能成为一种作弊工具，对学生的学习原则和诚信造成影响。因此，对 ChatGPT 在教育领域的使用，需要通过全面的评估和分析来决定其是否应该被鼓励或封禁。

我也把这个问题抛给了身边对 ChatGPT 感兴趣的朋友，他们也给出了不同的答案。

1. 听说美国学生有很高的比例在用 ChatGPT 完成作业了。我们之前老是嘲笑美国学生不会数学计算，只会用计算器。现在看来，运用效率工具，站在前人的肩膀上完成任务，可以避免重复劳动。有了 ChatGPT，相当于每个美国学生都有了一位知识专家在辅导他的学业，现在也许还看不出来，未来五到十年将体现巨大差距。想想都可怕，别再过几年，又想起来说帝国主义"船坚炮利"。

2.ChatGPT 最大的缺陷也许是没有缺陷。它给出的所有观点都不偏不倚、客观中立，很难形成自己的个性。越用越感觉平平无奇，如果把它当作学习工具，不会产生创新的观点，还会把自己的思路束缚住。

3. 这个 ChatGPT 写不了纯文科作业，给出来的答案都是大量套路化生成的，而且不一定正确。要准确使用它的前提是你对问题已经有足够的知识储备，否则根本不知道它是言之有理还是在胡说八道。但是，ChatGPT 能做理科作业，而且，理科作业都有唯一的标准答案，代做作业老师根本无法发现。所以，ChatGPT 应该被视为作弊工具。

4. 这几天玩下来最大的感受是，ChatGPT 最强大的并非无所不知，而在于精密的结构化思维，可以完爆大多数人类。稀缺的结构化思维，似乎从来不是学校教育的重要内容，如果想学习结构化思维方式，可以向 ChatGPT 学。

在我回答这个问题之前，想和大家分享一个小故事。每次我在课堂上讲授"人工智能"这个专题时，都会问台下的听众这样三个问题。

问题1：你是否接受你本人或者你的孩子成为赛博格（Cyborg）？就是接受人体改造，比如，给你的大脑内植入芯片，或者把你的身体换成像钢铁侠一样的身体。几乎所有的听众都不会举手赞成，甚至有激进的听众会说：我宁死也不接受大脑植入芯片。

问题2：如果现在市场上有这么一款微芯片，可以确保植入安全，植入后也无人知晓，它的功能类似聪明药，一旦植入，你的孩子就不再需要背《唐诗三百首》，不需要背化学元素周期表，也不需要背英文单词，那些需要死记硬背的内容统统包含在这款芯片内，那么，你是否愿意为你的孩子购买这款芯片？这时候，会有少部分听众举手，表示愿意尝试。

问题3：我会继续追问，如果有一天，这款微芯片技术非常成熟，而且教育部门也推荐使用，并且像孩子接种疫苗一样，由国家免费提供，不过，作为家长，你仍有权利可以拒绝"接种"，你所要承担的后果就是别的孩子都不需要背诵，而且可以在学习过程中信手拈来，而你的孩子却要花费大量时间去背诵，且不一定会全部背熟，那么，你是否愿意尝试？听到这里的时候，大部分听众都会举手赞成。

从第一个问题的无人接受，到第三个问题的大部分人赞成，其实就是我们即将面临的未来。人工智能不会取代你，但使用人工智能的人会取代你。（AI will not replace you. A person who's using AI will replace you.）

在我看来，我们将很快生活在一个与人工智能同存的世界，与其禁用 ChatGPT，还不如发挥主观能动性和创造力，利用好这一新工具来提高学习效率和质量。毕竟，你是学习的主角，你有权利选择一切有用的学习工具。而且，更深层次的问题是：我们的教育难道就等同于背古诗、背英文单词吗？谚云：熟读唐诗三百首，不会作诗也会吟。如果人工智能负责熟读，学生负责吟诗，会不会更好呢？

如果说，人机共存将不可避免，我们将要学习善用机器，彼此关爱，共享未来。这同样适用于我们和 ChatGPT 的关系。

OpenAI 联合创始人埃隆·马斯克在谈到为什么要创办

OpenAI 的初衷时，说过这么一段话："我们要怎样做才能保证人工智能带给我们的未来是友好的？在尝试开发友好的人工智能技术的过程中会一直存在一种风险，那就是我们可能会创造出让我们担忧的事物来。不过，最好的壁垒可能是让更多的人尽可能多地接触并且拥有人工智能技术。如果每个人都能利用人工智能技术，那么就不会存在某一小部分人由于独自拥有过于强大的人工智能技术而导致危险后果的可能性。"

的确，如果我们有机会可以穿越回古代的数学课堂，碰巧我们身上有一支圆规，那么，我们会比任何一个古人画圆都画得好，那些古人一定会指责我们作弊。现在，直尺、圆规、计算器都被认定是学习工具，而非作弊工具。

人机共生：从人工智能工具到数字助理

　　我们身处一个日新月异的时代，科技的浪潮汹涌而至，把我们推向未知的前方——一个充满人工智能与机器的世界。

　　这个未知的境地，或许令人心生恐慌，因为它的庞大未知性仿佛一团迷雾，模糊了我们的视线，让我们无法看清未来的轮廓。与此同时，这个未知的境地，也给我们带来了无限的机遇，为我们的生活、工作乃至整个社会的运行，带来了前所未有的变革可能性。

　　在这个急剧变革的时代中心，一个关键问题不断浮现在我们眼前，而且显得越来越迫切：人类与机器的关系将何去何从？这个问题，既是对科技影响力的一种追问，更是对人类自身价值和未来的深度反思。

丹尼尔·纽曼（Daniel Newman）和奥利弗·布兰查德（Olivier Blanchard）在《共生：4.0时代的人机关系》（*Human Machine*）一书中，直言不讳地揭示了他们撰写此书的初衷。他们由一个看似简单却深刻的问题入手："机器会抢走我的工作吗？"这个问题激发了他们的创作灵感，他们希望通过这本书回答一个更深层次的问题："机器真的会取代人类吗？"或者更具体一些："人类会被机器淘汰吗？"

科幻小说的世界里，总是充满了无尽的希望，构想着机器人担当危险职务，替人类守护生命，避免他们在采矿、消防等高风险工作中付出生命的代价。然而，现实却充满了悖论，这种充满光明的未来变革，可能让采矿工人和消防员陷入失业的黑暗旋涡，使他们面临丧失生计、失去经济支柱的窘境。一旦他们的工作被机器替代，他们又该如何走出困境，如何重塑自己的社会价值？

两位作者首先尝试解答这个令人困惑的问题。他们以富有哲理的观察揭示了这么一个事实："人类历史上每一次创新的涌现都伴随着一段适应期。狩猎者化身为农夫，农夫演变为裁缝，裁缝转行为商人，商人晋升为银行家，而19世纪的工匠则历经转变成为20世纪的工厂工人，再从20世纪的工厂工人蜕变为 21 世纪的信息工作者。"

那么,在这场新一轮的科技革命中,我们应该如何定位自己,如何与机器共舞,共同塑造一个更加美好的未来?在《共生:4.0 时代的人机关系》这本书中,纽曼和布兰查德持续讨论人机融合,共享未来的可能性。

他们提出 AI 中的"A"代表"辅助"(assistance)和"增强"(augmentation)的首字母"A"。人类作为一个物种,如果没有各种增强手段,就无法取得成功。在他们眼中,无论是运动鞋、智能手表、刀具、背包、笔记本电脑、钥匙、灯泡、汽车轮胎、牙刷,还是超细纤维衬衫,这些都是工具,都属于"增强手段"。利用这些"增强手段",人类可以跑得更快,扔得更远,工作效率可以更高,新投资也能产生更高的投资回报率。

当前进行的人工智能革命也不例外:人类其实在寻找更高效、更智能的方式,以提升我们自身并优化我们所处的环境。其目标并不是取代人类的工作,而是创造全新的工具,以更快、更好、更省力,且成本更低的方式,来帮助人类完成任务。

尽管这种全新的工具——机器,其能力正在急剧增强,但是它们始终不能完全替代人类。改变世界的力量,推动世界和人类前进的力量,来自人类的天赋、远见、创新和领导力,而不是重复性任务的效率提升、计算速度的加快或实时语言处理能力。人类独有的创造力、理解力、同情心和情感，是任何机器都无法复制的。因此，我们无须过于担忧机器会完全取代我们，相反，我们需要思考如何建立新型的关系，让人类和机器可以协同工作，互补优势。

这种人机关系不是主从关系，也不是竞争关系，而是一种合作共生的关系。在这种关系中，人类利用机器的能力来完成复杂和繁重的工作，而机器则依赖于人类的指导，完成精细和烦琐的任务。

人机共生不仅能够提高生产效率，改善生活质量，更重要的是，它将帮助我们开辟一条新的发展路径，引领我们走向一个充满可能性的未来。两位作者相信，通过智能自动化实现的任务合并，更有可能让工作发生转变，而不是消灭它们，而且会让更多工作者转换岗位，而不是让他们失业。

在这本书中，两位作者采取严谨而全面的视角，通过五个篇章分别探讨了企业、工作者、教育机构、消费者和科技公司如何迎接人机合作的新时代。如果你的时间有限，无法阅读整本书，我会特别推荐你阅读"工作者如何迎接人机合作时代"这一篇章。在这里，你将发现许多传统的工作岗位正在被机器取代，同时，机器也创造了一些全新的职位，如机器人工程师和 AI 算法研发等。在这个过程中，我们可以发现人与机器的关系并不是简单的零和博弈，而是一种共生的关系。机器取代了部分人的工作，但同时也提供了新的就业机会，这是一种转型，而非终结。

两位作者向读者提出了一个问题："20世纪初，汽车的发明消灭了马车出租行业。城市的电气化消灭了烟囱清扫工和点灯人等常见职业。制造技术的进步意味着磨刀人这一职业的终结，就像互联网终结了上门推销员一样。技术进步总会消灭一些职业。这不是什么新鲜事。你必须问一问自己的问题是：出租马车主、烟囱清扫工、点灯人、磨刀人和上门推销员是如何生存的？答案很简单：他们改做社会实际需要的其他工作了。"

为此，对待像ChatGPT这样的生成式人工智能，我们都需要进行一次深刻的反思：如何将其转变为机遇，而非威胁？我们每个人都需要深究一个基本的技术问题：这项新技术能为我做什么？或者更具体一点：我如何运用这项新技术来增强自己的能力，使工作和生活更有质量？

试想一下：如果你的人工智能工具或数字助理能像私人秘书一样，为你安排和管理日程，每天为你节省45分钟，那么这一年你就可以腾出大量的时间去做些真正重要的事情，是不是很美好？如果你的数字助理或机器人能替你阅读电子邮件，分辨出哪些是优先级最高的，哪些可以稍后处理，每天帮你节省2小时，你的生活会不会更有条理，更有自主权？

再进一步设想，如果智能自动化工具能为你做研究，生成报告和简报，节省你几小时的工作时间，你是不是可以把更多的精力投到创新和战略规划上，而非沉浸在琐碎的细节中？如果你的数字分身能为你自动创建高质量的会议纪要和演示文稿，你是不是能把这些时间用在更重要的事情上，比如，思考、学习、创新，或者只是简单的放松和休息？

作为一个个体，我们都需要深入思考上述问题，做出明智决策，以确保科技的发展能够给我们真正的福祉，而不是变成一个无法控制的怪兽。

纽曼和布兰查德在《共生：4.0时代的人机关系》一书中，并没有一味乐观，也没有回避新技术带来的艰难挑战。他们还深入探讨了从失业到伦理困境，再到数据安全等一系列令人棘手的问题，为我们揭示了技术革新背后的双面性。

他们提醒那些设计未来智能自动化产品的技术专家和产品经理，应该始终将这些问题牢记在心。

想象一下，如果孩子们的教育全都由机器来负责，他们是否会逐渐丧失那些至关重要的人际交往技能？在未来的医疗保健系统中，如果数据和隐私的泄露风险增大，我们的健康和安全又会受到怎样的威胁？

更进一步，当公共安全领域的智能技术的广泛应用使得监控无所不在，那么我们的个人自由将会面临怎样的考验？如果客户服务岗位被机器接替，人们与服务提供者之间的关系是否会变得越来越冷漠？

再来看看，更高效的业务协作虽然可以降低摩擦，但过度的效率可能会阻碍不同观点的冲突与碰撞，反而可能减缓创新的步伐。

这些问题都在《共生：4.0 时代的人机关系》中被深入地探讨。这本书是一面镜子，让我们看清那些我们可能忽视却又紧迫和现实的问题。同时，也让我们在挑战中找到机遇，在风险中找到希望。

"我们并非在创造替代人类的机器，我们在创造扩展人类潜力的工具。"这句话浓缩了两位作者的核心观念。人类和机器，各自拥有自己的优势和局限。我们的任务是找到一条道路，引导他们并肩作战，联手开拓一个超越任何单一实体所能达到的未来。在《共生：4.0 时代的人机关系》这本书中，你将会聆听到一场未来的交响乐，它的音符是由人工智能科技编织而成，旋律则是对人机共生的深度探索和挑战。

人工智能：就业的刺客还是救星?

　　关于技术进步与就业的关系，从两百多年前的大卫·李嘉图（David Ricardo）到一百年前的约翰·梅纳德·凯恩斯（John Maynard Keynes），曾有过多次激烈争论。凯恩斯在 1930 年写道："我们正在感染一种新的疾病，某些读者或许还不知晓这种疾病之名，但今后数年将频繁听到，那就是技术性失业（Technological Unemployment）。"

　　走到数字经济快速发展的今天，我们如何来看待这个问题? 从工作方式到工作地点，从商业逻辑到行业生态，数字化让各行各业正在发生深刻的变革。我们需要再次担心技术性失业吗？

早在 2013 年，牛津大学经济学家卡尔·弗雷（Carl Benedikt Frey）与他的计算机科学同事迈克尔·奥斯本（Michael A. Osborne），在《技术预测与社会变革》期刊（*TFSC*）上发表了一篇文章，题为《就业的未来：工作对计算机化有多敏感？》（*The Future of Employment: How Susceptible Are Jobs to Computerisation?*）。他们对美国 702 个职业进行了分类，预测在未来二十年内，随着人工智能和机器学习的进步，美国可能会有 47% 的职位被人工智能替代。这篇文章引起了媒体的关注，诸如"机器人要来抢你的工作"和"人工智能会对人类造成威胁吗"等危言耸听的夸张标题，出现在各大媒体头条。

2019 年，牛津经济研究院（Oxford Economics）发布报告称，预计到 2030 年，全球约 2000 万个制造业职位将被机器人取代，相当于约 8.5% 的制造业职位，并可能会加剧收入的不平等。

2020 年疫情以来，数字化的进程在加速，在线化和数字化已经成为企业的必选项。许多职业与我们渐行渐远，工厂流水线上的智能机械臂即将让工人退出历史舞台，职业带路人被手机导航软件所取代，银行柜员、翻译、秘书、客服等一系列的传统职业，可能都将不复存在，甚至司机这一职业，也可能随着自动驾驶技术成熟，最终被完全取缔。

回顾历史，每一次的技术大进步就会极大地影响就业形势。不过，我们并不需要杞人忧天，新技术在关上一扇门的同时，又会打开一扇窗。汽车时代大批量取代了马车夫，但同时又诞生了大量的司机。移动通信时代取代了一批电话总机和打字员，但同时又催生出大量的程序员和电信工程师。由此可见，每一次技术革命对就业均有替代效应和补偿效应。数字化的进程更是按下了职业更替的快进键，而如果我们可以预测到哪些新职业会出现和流行，提前做好相应的技术和心理准备，就不至于与新技术错配，坠入"结构性失业"的陷阱。

若干年前，当我在做一次职业生涯规划的讲座时，底下的听众问了我一个问题："随着人工智能的快速发展，似乎什么工作都会被机器人所取代，那么我的孩子应该学什么专业呢？"当时我急中生智，回答道："报考机器人维修专业吧。"

其实，我并不想在这里讨论哪些工作会被消灭或取代，而更多地想讨论，哪些新工作正在诞生，我们又如何在新型经济结构中培养新的工作技能和找到新的工作。

在互联网电商蓬勃发展之前，估计谁也不会想到，我们这个社会居然会需要如此多的快递员和外卖小哥。

国家统计局相关数据显示：截至2021年年底，中国灵活就业者已达2亿人，其中有约1300万名外卖骑手，已经占到全国人口基数的近1%。深圳市总工会的数据显示：深圳市登记注册的货运、快递、网约车、外卖配送、电子商务等新就业形态劳动者约 170 万人，占全市职工总数的 15%，已成为深圳市劳动力大军的重要组成部分。

这两组数据显示，一个无雇主的时代正在到来，灵活就业已进入飞速发展的轨道。雇佣关系从"企业—员工"形态向"企业—平台—个人"转变，线上接单、弹性工作时间、即时结算是这份新工作的特性。灵活就业最主要的特征便是对互联网技术的依赖，除了骑手，借助线上平台远程开展业务和交付的还有线上法律咨询、就医问诊等专业服务，线上营销支持，短视频制作和网文写作等。同时，对管理者来说，面临的问题是：如何灵活配置多元化员工？如何构建弹性企业管理？

如果说骑手这个职业是被电商催生的，那么随着人口的老龄化，一些新职业正在为 3 亿老年人生活提前布局。第七次全国人口普查数据显示：我国 60 岁及以上人口已达 2.64 亿，"十四五"时期将突破 3 亿，这标志着中国将从轻度老龄化进入中度老龄化阶段。

在实施积极应对人口老龄化国家战略的背景下，"夕阳红"催生了一些"朝阳"职业，陪诊师、老年人能力评估师、退休规划师、养老规划师等新职业应运而生。陪诊师帮空巢老人和打工青年挂号、排队、跑腿拿报告；老年人能力评估师评估老年人能力等级，并给出照护建议与方案；养老规划师为初老人群提供退休规划，防范养老风险。

以陪诊师为例，他其实是另一种跑腿，当家庭成员分身乏术或不了解就医流程时，这个职业的出现让"就医难"这件事流畅运作。搜索网页可以发现，陪诊师可以提供就医环节中的任何一项服务，比如，帮患者挂号、取号、取报告、拿药，也可以陪患者候诊、问诊和做检查。具体收费价格有多有少，基本和当地消费水平相挂钩，有收 99 元一次的，也有收 400 元一天的。

我们可以发现，这一新型职业不但可以满足空巢或高龄老人的就医需求，还可以解放家属的时间与精力。同时，它也可以解决外地患者人生地不熟、对医院就诊流程不了解、科室位置不清楚的问题。在我看来，这个职业的兴起，其实是从带路党、挂号黄牛一路演变而来的，这中间，数字化其实起到了很重要的催化作用。

新职业的孕育，科技进步是重要因素，不过这只是手段，便利生活、抚慰情绪才是目的。和"陪诊师"类似，2022 年 10 月，一则"哄睡师包月套餐标价 1.8 万"的新闻引起了网友的关注和热议。中国睡眠研究会《2022 年中国国民健康睡眠白皮书》的数据告诉我们：我国有超过 3 亿人有睡眠障碍的困扰，只有 35% 的人一天可以睡够 8 小时。失眠问题引发关注的同时，也催生了睡眠经济，一些新兴的线上线下助眠服务兴起，其中最为典型的就是哄睡师。按照约定通过语音电话唱歌、讲故事，甚至可以念《资本论》等方式哄客户入眠。

2022 年 6 月，人社部向社会公示"民宿管家""家庭教育指导师""研学旅行指导师""机器人工程技术人员"等 18 个新职业。我注意到，人社部的相关负责人在介绍新职业时，提到了如下三个特点：一是在数字经济发展中催生的数字职业，二是在碳达峰、碳中和的发展目标要求下涌现的绿色职业，三是在新阶段、新理念、新格局和人民美好生活的需要中孕育的新职业。"陪诊师""哄睡师"等上述新兴职业，何尝不也是符合这三个特点呢？那么未来取代他们的又会是谁呢？我想，可能是人形机器人。

数字化技术还催生出了许多新的职业，比如，电子数据取证分析师、密码技术应用员、边缘计算工程师、量子计算工程师、服务机器人应用技术员、网店引导员等。随着元宇宙、虚拟现实技术、数字人的发展，也衍生了不少新奇职业，比如，数字人建模工程师、虚拟服装设计师、肢体动作捕捉员等。

2023 年 6 月，"捏脸师月入上万"的话题冲上微博热搜榜。以用户多为"Z 世代"群体的社交平台 Soul 为例，它的用户是不可以展示真实面容和形象的。在这个平台上，都找不到上传真实头像这个选项。Soul 要求用户使用平台提供的工具和素材来创建一个属于自己的独一无二的虚拟头像，来展开所谓的"灵魂社交"和"不看脸社交"。捏脸师（虚拟头像创作者）就是在这种背景下诞生的新兴职业。作为捏脸师，不仅要会人工智能的基本算法和各种平台的开发工具，还要有一些艺术和绘画功底，最好还通晓一些心理学，最后综合各种技能，来捏出一个用户满意的虚拟头像。

写到这里，我突然意识到，其实虚拟世界的捏脸师，就是现实世界的整容医生或 Tony 老师的数字化。奇绩创坛创始人兼 CEO 陆奇博士在一次演讲中提道：所有行业，都值得用大模型重做一遍。我想换个说法：所有职业，在数字化时代里，都会有一个分身。数字经济对工作岗位正在产生"替代效应"，一些可被编码的重复性岗位被替代的趋势已经出现。很多工作会被取代，但未来总会有人工智能做不了的新工作，会出现许多随着新技术诞生的新职业，有些我们已经初见端倪，有些我们还无法预料。这种创造效应将会远超替代效应。正如世界经济论坛《2020 年未来就业报告》预计的，未来二十年，大数据、人工智能、机器人等技术的进步，将使中国就业净增长约12%。

卓别林的《摩登时代》(*Modern Times*)，也曾出现过类似的情况，随着美国工业机器大生产的普及，许多工人失去了工作。但另一方面，事务性工作的增加，形成了"白领"这一新型劳动阶层并延续至今。

让 - 巴蒂斯特·萨伊 (Jean-Baptiste Say) 以其著名的"萨伊定律"为基础，否认技术进步会导致长期失业。理由是：供给会创造自己的需求，采用新机器所导致产品供给的增加，会引起产品需求的增加；产品需求的增加，最终会引起劳动力需求的增加，从而使得被新机器排挤的工人重新获得就业机会。

不过，未来没有一种技能或者职业会永远保鲜（保险），谁也不知道一觉醒来，技术替代是否正在敲门。说不定，未来最流行的产业和职业现在根本还不存在。

外卖骑手：需要一个"算法审查局"

科学技术是一个悲喜交集的福音。有两篇刷屏文章，将这一主题带入了公众视野。

《外卖骑手，困在系统里》，在外卖平台系统的算法与数据驱动下，外卖骑手成了高危职业。骑手的配送时间不断被压缩，而骑手为避免差评和增加收入，不得不选择逆行、闯红灯等做法。"送外卖就是与死神赛跑，和交警较劲，和红灯做朋友。"

《对不起，这 2.5 亿个老人，正在被抛弃……》，老人过安检时被拒绝，原因是没有健康码，而且老人不知健康码为何物。近 2 亿老人没接触过网络或者没有智能手机，意味着他们与基于网络的智能服务绝缘。

困在算法黑箱和算法偏见里面的，难道只是骑手和老人吗？当然不是，我们每个人都生活在算法的时代。我们点外卖、买电影票、订宾馆、打网约车，这些行为的背后都是一个个算法。我们是否能够获得商业贷款，我们需要为商业保险付多少钱，这些也都为各种数学模型所操控。

从理论上来说，算法模型可以更加公平，因为机器不会撒谎，每个人都适用同等规则，没有偏袒。但是，事实恰恰相反，这些算法隐晦不明，编写者把商业利润、偏见误解都编入了软件。美国学者凯西·奥尼尔（Cathy O'Neil）给这些有害数学模型取了一个名字："数学杀伤性武器"（Weapons of Math Destruction，WMD）。WMD 的三大特征是：不透明、规模化、毁灭性。

从 2016 年到 2018 年，美团外卖 3 公里送餐的最长时限从 1 小时缩至 45 分钟，再到 38 分钟。到了 2019 年，中国外卖订单单均配送时长比三年前又减少了 10 分钟。在庞大的数据面前，城市摆渡人——快递员，幻化为提供输入的变量角色，任何试图保护自己的举动，在无死角的数据监控和效率至上的算法面前，都是那么无力和苍白。

这个时代跑得太快了。以大数据、人工智能、云计算为代表的新一代信息技术，已经融入社会的方方面面。无论打开哪个 App，都要获取你的位置、通信录和相册；无论坐高铁还是住酒店，都要刷脸读取你的个人信息。新技术在为社会经济文化发展带来新的动力和能力的同时，也带来了科技异化、风险泛在和人的主体性迷失等问题。

1999 年，美国学者劳伦斯·莱斯格（Lawrence Lessig）在其著作《代码和网络空间的其他法律》（*Code and Other Laws of Cyberspace*）中推广了"代码即法律"（Code is law）这一概念。他强调了软件代码如何在数字环境中扮演着类似于法律的角色，制定规则，影响用户行为。如今，"大数据杀熟""算法歧视""数据霸权"和"机器人霸主"的问题愈来愈近，隐秘的算法成为压榨社会边缘群体的工具，复杂的模型变成扩大数字鸿沟的推手。

如果一个来自山区的穷学生被助学金贷款模型认定为高风险而无法贷款，接踵而来的是他会被剥夺能帮助他脱贫的接受优质教育的机会、找寻体面工作的机会等一系列恶性多米诺循环，最终他会沦为数字难民。如果人们的文明程度、道德水平都可以被一个个算法模型操作和衡量，那么被误解、被误算的那类人将永远没有机会去纠正，就会发生类似 2015 年，谷歌的图片识别软件将照片中的三位年轻美国黑人标记为黑猩猩而引发的争论。

面对不断被采集和计算的数据，个人如何保护自己的尊严、隐私、自由，不至于沦落为算法的奴隶？

面对强大的数据科技，普通个体如何确信自己的权益可以被尊重和保护？

面对万物互联、无时无处不在的数字时代，政府监管部门如何面对数据伦理问题？我们是否应像设立医学伦理委员会一样，建立一个数据伦理委员会？

在传统市场经济时代，政府部门为保护消费者合法权益和创造公平和谐的消费环境，会在市场内安放公平秤，为前来购物的消费者免费提供称重服务。老百姓买菜要是觉得不放心，就可以拿到公平秤上去称，是否缺斤少两，一目了然。

而进入数字经济时代之后，大部分的商业行为从线下转为线上，从原子世界转向比特世界。越来越多的人在"淘票票"等票务 App 上购买电影票，而非去电影院售票大厅；而不同的手机型号，不同的用户标签，一张电影票的价格差异可以达到 20% 以上。某航班的飞机票，若被同一用户在一定时间内频繁搜索，很有可能就会涨价；而当你换一台手机，换一个用户账号登录，价格又会下跌。这样的案例还发生在电商购物、网约车、在线订宾馆等各种场景中。

这些差别化定价算法模型，是否也需要一台新型的数字公平秤来衡量检验，这对政府是极大的挑战。

首先，政府监管部门还没有意识到设立"算法审查局"的重要性。

技术是中立的，但算法不是。算法固然有商业保密的要求，但还是要有相应的法规和机制确保能够在公众质疑时，开展审查和监管，通过算法透明化和可追溯化，来减少风险和伤害。在困在系统中的外卖骑手这个案例中，就需要一个机构来要求美团、饿了么等公司解释算法、开展算法审计、推进算法问责；约束他们将更好的道德模型嵌入算法代码中去，创造符合我们核心价值观的大数据模型。这些要求可以是在重视道德的基础上牺牲部分商业利润，在重视公平的基础上牺牲少许效率。

其次，在算法霸权面前，政府并不处于随时掌握最前沿的技术和解决方案的优先地位，即政府没有能力和人力来设立类似的机构。

这就要求政府部门寻求外部专家的支援，组织跨学科（包括但不限于计算科学、数据科学、法学、社会学等）的数据专家委员会或数据伦理委员会，对一些已经出现数学杀伤性武器的领域进行定期考察和长期跟踪，通过设置标准来规范科技企业的行为和科技产品的特性。

同时，通过发布标准、进行宣传，让民众了解科技产品的优势和危险。一个很好的范例是：2019 年 10 月 8 日，文化和旅游部公示了《在线旅游经营服务管理暂行规定（征求意见稿）》。针对最受关注的"大数据杀熟"问题，明确规定在线旅游经营者不得利用大数据等技术手段，针对不同消费特征的旅游者，对同一产品或服务在相同条件下设置差异化的价格。

最后，数据科学家也应该像医生一样，遵守希波克拉底誓言，尽可能防止或避免对算法模型的误用和误解。

同时，商业巨子们要停止科技乌托邦幻想，即无限度地寄希望于用算法和人工智能解决一切问题。数学模型应该是我们的工具，而非我们的主人。

我希望，困死在系统中的外卖员，将唤醒和迫使政府、社会、民众直面问题，寻求改变，去监管和驯服"数学杀伤性武器"，为数字时代注入公平和问责。当我们的下一代人回忆起这个问题时，会把它当作这场新数字文明的早期文物，如同大工业时代的致命煤矿。

人工智能时代：为何强监管是关键？

想象一下，有一个超级助手，它能在瞬间为你推荐理想的餐馆，解答复杂的问题，甚至为你创作动听的歌曲。没错，那就是人工智能——我们时代的神奇之力，在短短的时间内闯入各个行业，宛如"超级英雄"般为我们创造了前所未有的价值。

与此同时，人们对人工智能的担忧也悄悄累积。它会不会误传假消息？我们的工作还安全吗？它会不会在未来某一天，突然宣布"你的工作，我来做"？或者更让人心悸的，它会不会变得聪明到超越人类，成为地球上的新霸主？如何给这位"超级英雄"制定规则，设定边界，确保它为人类服务而非反其道而行之，已经成为全球范围内的热门议题。

2023年6月12日，联合国秘书长安东尼奥·古特雷斯（António Guterres）表示，响应一些人工智能行业高管的提议，成立一个像国际原子能机构的国际人工智能监管机构，并计划在2023年年底前启动一个高级人工智能咨询机构，定期评估人工智能的管理措施，以及就如何使人工智能与人权、法治和人类的共同利益保持一致提出建议。

2023年7月6日，2023世界人工智能大会在上海开幕。在开幕式上，特斯拉首席执行官埃隆·马斯克发表视频讲话："我们需要一些监管措施对人工智能进行监督。考虑到深度人工智能所可能展现出的超越人类的能力，它可能引领我们进入一个积极的未来，也有可能导致某些不太乐观的结果。我们的目标应该是确保走向那个光明的未来。"

2023年9月13日（当地时间），美国参议院多数党领袖查尔斯·舒默（Charles Schumer）主持召开首届"人工智能洞察论坛"，科技界领袖们应邀参加。这场为期一天的闭门会议的核心议题是：如何为日益强大的人工智能技术制定法规，确保人类能够掌控这项技术，而不是被它掌控。

当你看到参会者名单时，你可能会为他们的实力而震惊：特斯拉的埃隆·马斯克、Meta的马克·扎克伯格、Alphabet的孙达尔·皮柴（Sundar Pichai）、OpenAI 的萨姆·奥尔特曼（Sam Altman）、英伟达的黄仁勋、微软现任首席执行官萨蒂亚·纳德拉（Satya Nadella）和前首席执行官比尔·盖茨，还有 IBM 的阿尔温德·克里希纳（Arvind Krishna）。这群科技巨头的总身价已经接近 5500 亿美元，这是一个惊人的数字，大约相当于 4 万亿元人民币。

会议结束后，舒默向在场的记者分享了一个观察：当他提及"政府是否应该在人工智能的监管中扮演角色"这一问题时，场中的每一个人都举起了手（表示同意）。尽管他们的具体观点有所不同，但对于监管的必要性，已经形成普遍共识。

通过上述几则新闻，我们可以发现，对人工智能进行必要的监管，无论是政治家、科学家，还是企业家，大家都有了共鸣。人工智能的进步在为我们带来诸多便利的同时，也带来了前所未有的挑战。只有通过明确的规范和指导，我们才能确保这一技术走向成熟，而不是失控；确保人工智能真正为人类的未来服务，而不是对其构成威胁。那么，人工智能目前到底存在哪些问题呢？

2023 年 2 月 16 日，怀孕八个月的 32 岁美国女子波查·伍德罗夫（Porcha Woodruff），遭到了一个意想不到的打击，她被人脸识别技术错误地标记为犯罪嫌疑人。那天清晨，当波查正忙于送孩子上学时，六名警察突然出现在她家门口。他们手持逮捕令，指控波查涉及一宗抢劫案。这起事件始于一个月前，当时一名受害人向警方报告了抢劫案件。为了查找嫌疑人，警方使用了人脸识别技术分析了相关的监控录像。结果，系统提供的六张疑似嫌疑人的照片中包括了波查·伍德罗夫，更不幸的是，受害者错误地指认了她。波查不甘于这一荒唐的误判，选择起诉底特律警局，并最终成功为自己伸张正义。这得益于她当时的身孕状况，可以证明她不可能是这起案件的真正罪犯。

上述这个案例，揭示的就是人工智能存在的偏见与歧视问题。人工智能很大程度上依赖数据来学习和做出判断。但如果训练数据本身存在偏见，那么算法模型可能会放大这种偏见，比如种族和性别歧视。以人脸识别技术为例，一些系统在识别非白种人面孔时出现了问题，因为训练数据主要基于白种人的面部数据。

波查·伍德罗夫事件只是人工智能带来的诸多问题中的一个。在信息传播方面，人工智能存在的问题，是"人工智能幻觉"（AI hallucination）和深度伪造（Deepfake）技术。Deepfake 是英文"deep learning"（深度学习）和"fake"（伪造）的混成词。

以 ChatGPT 为代表的大模型的一个明显缺点，是人工智能幻觉，有时它会一本正经地胡说八道。它总能就用户提出的问题或请求，做出"信誓旦旦"的答复。但用户必须警惕，这可能是生成式人工智能为了取悦你而说出的"谎言"。有报道称，当询问一个大模型关于历史事件的详情时，它可能会添加一些不真实或夸张的细节。

2023 年 6 月 22 日（当地时间），美国纽约联邦法官做出一项判决，Levidow, Levidow & Oberman 律师事务所引用了 ChatGPT 撰写的一份由虚假案例引证的法庭简报，行为恶劣，对其处以罚款 5000 美元。受到处罚的律师事后表示，他反复询问 ChatGPT 那几起不存在的案例是不是真的，而 ChatGPT 给出肯定的回复，还称可以在多个法律资料库找到。

除了胡说八道，被人诟病的还有深度伪造技术。2023 年 1 月，全球第一部运用深度伪造技术，实现人工智能合成名人面孔的节目——《深度伪造邻居之战》（*Deep Fake Neighbor Wars*），在英国独立电视台（ITV）的流媒体平台上线。在这部没有明星实际出演的喜剧中，一群在替身演员基础上由人工智能合成的"名人"成了邻居，在一起插科打诨。

2023 年，当美国前总统唐纳德·特朗普（Donald Trump）在纽约接受审查时，社交媒体上充斥着许多由人工智能生成的伪造图像，似乎显示他与警察发生肢体冲突。如果这种技术被用来伪造政治家或公众人物的言论或行为视频，那么可能给他们的声誉带来深远的负面影响。在此背景下，我们不得不思考：当名人的面孔被人工智能技术合成使用时，他们能否主张其肖像权受到侵犯？他们是否有权获得相应的报酬？制作这类内容的节目或平台需承担何种法律责任？对于这种技术生成的内容，政府有没有相关的监管措施？

另一个关键问题，是人工智能决策的透明度和可解释性。众所周知，许多深度学习模型因其复杂性而被视为"黑箱"。这意味着，尽管这些模型在各种任务上展现出了惊人的准确率，但其内部工作原理和决策机制往往对算法开发者自己都显得难以捉摸。例如，当某人工智能系统拒绝某人的贷款申请时，我们如何确定它是基于客观的信用评分、收入资料，还是其他不那么明确的因素做出的判断？这种不透明性可能导致决策偏见，并在某些情况下产生不公正的结果。

此外，当人们依赖某家企业提供的算法模型做决策，如果由于模型的不准确性导致的失误引发了经济损失或其他负面影响，那我们不得不思考：是模型还是使用者来承担责任？或者说，企业是否有义务在提供模型时明确其可能的风险和局限性？

在医疗领域，当人工智能医疗系统为医生提供疾病诊断建议时，医生往往会思考这些建议的来源及其背后的数据和推理逻辑。这不仅是医生的问题，也是患者的问题，因为在关乎健康，甚至生命的重要决策中，信任是关键。但是，如果人工智能模型的工作方式像一个"黑箱"，那么如何确保我们不被其可能存在的误导性输出所欺骗呢？当我们开始过度依赖机器做出关键的医疗决策时，我们就面临失控的风险，谁敢保证这个系统每一次都能做出正确决定？

隐私泄露也是一个日益突出的问题。为了提供个性化的服务或优化其模型，众多公司不惜采集大量的用户数据。但随之而来的是这些敏感数据可能面临被非法窃取或被不当使用的风险。据此前媒体曝光，5000 万脸书用户的信息，在用户不知情的情况下，被剑桥分析公司违规滥用。这家公司据此向目标用户投放了高度定制的政治广告，旨在于 2016 年美国总统大选中为特朗普的竞选团队拉票。这起事件凸显了我们在数字时代中面临的隐私挑战和企业使用数据的道德界限。

这些问题仅仅是冰山之尖。随着技术进步的脚步，我们可能会面临更多尚未预见的挑战和困境。为应对这些情况，各国正在加强监管力度，不断探索有效的应对策略和前瞻性的解决之道。

早在 2021 年 9 月 25 日，中国国家新一代人工智能治理专业委员会就发布了《新一代人工智能伦理规范》，旨在将伦理道德融入人工智能全生命周期，为从事人工智能相关活动的自然人、法人和其他相关机构等提供伦理指引。这里面的第十二条，提到了增强安全透明。在算法设计、实现、应用等环节，提升透明性、可解释性、可理解性、可靠性、可控性，增强人工智能系统的韧性、自适应性和抗干扰能力，逐步实现可验证、可审核、可监督、可追溯、可预测、可信赖。第十三条提到了避免偏见歧视。在数据采集和算法开发中，加强伦理审查，充分考虑差异化诉求，避免可能存在的数据与算法偏见，努力实现人工智能系统的普惠性、公平性和非歧视性。

从 2021 年，中国陆续发布三部重要的部门规章——《互联网信息服务算法推荐管理规定》《互联网信息服务深度合成管理规定》和《生成式人工智能服务管理暂行办法》，从算法、深度伪造、生成式人工智能等方面对相关技术的发布者提出监管要求。

这三部规范，也确立了中国将采取"包容审慎的分类分级监管"原则。有关主管部门针对生成式人工智能技术特点及其在有关行业和领域的服务应用，将制定相应的分类分级监管规则或者指引。

欧盟的人工智能监管路径，主张"以人为本"（human-centric），在促进人工智能发展与创新的同时，构建监管体系以防范风险、保护公民基本权利和安全。2022 年 12 月 15 日，欧盟委员会主席、欧洲议会和理事会主席共同签署并发布了《欧洲数字权利和原则宣言》（*The European Declaration on Digital Rights and Principles*）。该宣言强调人工智能应该是人类的工具，最终目的是增进人类福祉。每个人都有权从算法和人工智能系统的优势中受益，包括在数字环境中做出自己的知情选择，同时保护自己的健康、安全和基本权利免受风险和损害。

这份宣言要求技术公司承诺建设以人为本、值得信赖和合乎道德的人工智能系统。这需要他们做到"六个确保"。

1. 确保在使用算法和人工智能方面有足够的透明度。

2. 确保人们有能力使用它们，并在与它们互动时获得信息。

3. 确保算法系统基于足够的数据集，以避免歧视，并使人们能够监督影响人们的所有结果。

4. 确保人工智能等技术不被用来抢夺人们的选择，例如，在健康、教育、就业和其他方面。

5. 确保人工智能和数字系统在任何时候都是安全的，并在使用时充分尊重基本权利。

6. 确保人工智能的研究尊重最高的道德标准和相关的欧盟法律。

美国则主张，监管的核心目标应当是促进人工智能的负责任创新（responsible innovation）。为实现此目标，美国认为应通过一系列的监管和非监管措施，最大限度地减少对人工智能开发和部署的不必要制约。2022 年 10 月，美国白宫发布了《人工智能权利法案蓝图》（*Blueprint for an AI Bill of Right*），列出了五项核心原则，提出负责任地使用人工智能路线图。该综合文件为指导和管理人工智能系统的有效开发与实施提供了方向，其中尤其强调了防范对公民权利和人权的潜在侵犯。

至于具体的监管架构，美国目前并没有设立专门针对人工智能的独立监管机构，而是采取了部门分工的方式，让各个领域的主管部门在其职责范围内对人工智能进行相关的管理和监督。以此为例，美国食品药品监督管理局（FDA）负责医疗领域的人工智能产品，而美国交通部则对自动驾驶汽车的人工智能技术进行监管。

日本对人工智能的治理，提出了"以人为本的人工智能社会原则"。该原则包括以人为本，教育，隐私保护，确保安全，公平竞争，公平、问责制和透明度，创新七个原则。然而，日本并没有单纯选择政府为唯一主导的传统治理方式来设定、监督和执行人工智能的相关规则。相反，他们选择了一种被称为"敏捷治理"（agile governance）的模式，鼓励多个利益相关方共同参与和决策。在这种治理框架下，政府、企业、公众及社区等多方共同分析当前社会环境，明确意图实现的目标，制定策略以实现这些目标，并持续地评估与优化已实施的措施。

随着人工智能技术的深入渗透，我们共同认识到了其带来的巨大潜力与同样突出的风险，从人工智能幻觉到深度伪造，从隐私泄露到决策的透明性，这些问题都让我们反思与警惕。值得欣慰的是，全球对于强化人工智能的监管达成了共识。各国纷纷挥笔立法，以期为这一技术巨兽划定明确的边界，确保它为人类的未来发展提供助力，而不是成为威胁。

我们有理由相信，人类将能够引导这场科技革命走向更加明亮、公正和有益的未来。正如人类曾成功地驾驭蒸汽机、电力和互联网，我们同样有能力确保人工智能成为下一个改变历史的、有益的工具。

人工智能对齐：
我们急需一部"机器人宪法"

　　布莱恩·克里斯汀（Brian Christian）在其著作《人机对齐》（*The Alignment Problem*）中，为我们描绘了一个与日俱增的现代困境。随着人工智能技术的迅猛发展，我们好似置身于一部现代版的"魔法师学徒"的故事中。如同初出茅庐的巫师，我们召唤出强大而不可知的力量——人工智能。我们给它下命令，期望它既能自主运作又能绝对服从。但当我们意识到指令的不完整或不精确时，又陷入惊慌失措，拼命阻止它，担心自己的智慧不慎唤出了某种无法控制的怪物。

这种情境引发了一系列问题：如何防止人工智能偏离我们的预期，造成灾难性的背离？我们该如何确保它能够理解并遵循我们的规范和价值观？最关键的是，我们怎样才能确保人工智能按照我们所期望的方式行动？这就是所谓的"人工智能对齐问题"（the AI alignment problem）。它目前已经超越"人工智能安全"（the AI safety），成为人工智能领域中最为核心和紧迫的议题之一。

那么，究竟什么是"人工智能对齐"？为什么这个概念在当今世界如此重要？让我们先放下技术细节，转而关注一个之前的热点新闻。如果让我来评选 2023 年度人工智能十大事件，"ChatGPT 之父"萨姆·奥尔特曼和 OpenAI 董事会的"宫斗剧"一定会名列榜单。回溯到美国当地时间 2023 年 11 月 17 日，OpenAI 这家举世闻名的人工智能初创公司突然宣布解雇其 CEO 萨姆·奥尔特曼。随后的五天里，经历了一系列复杂的政治纷争，被罢免的奥尔特曼又重返高位。这场发生在硅谷的内斗，被外界广泛视为人工智能领域的"灵魂之战"。

争端背后其实折射出对人工智能未来两种截然不同的视角。一方面是我所称的"人工智能技术加速主义"，代表人物就是萨姆·奥尔特曼。他们主张无条件加速人工智能技术的创新发展，并快速推出创新内容来颠覆社会结构，让人类随着技术的进步而进化。另一方面则是"人工智能对齐主义"，这一派的代表人物是要把萨姆·奥尔特曼赶出董事会的首席科学家伊尔亚·苏茨克维（Ilya Sutskever）。他们认为，人工智能虽然能力强大，但在道德和伦理层面仍然存在混沌，我们在弄清楚它的本质之前，最好持谨慎态度。

在 OpenAI 内部的这场纷争中，一个深刻的问题浮现出来：随着人工智能技术的飞速发展，我们是否已经做好准备迎接超级人工智能的诞生？许多研究者强调，在这种强大的智能形式出现之前，解决人工智能对齐问题是至关重要的。那么，人工智能对齐究竟是什么呢？简而言之，人工智能对齐就是确保人工智能系统的目标、决策和行为与人类的价值观和利益相一致，避免出现人工智能选择执行与人类意图不一致的行为。

这种对齐不仅是技术层面的挑战，更涉及深层的伦理和道德问题。它要求我们在推进技术的同时，也要考虑如何使这些强大的工具服务于人类的长远利益。如果处理不当，可能导致不可预测的后果：人工智能的行为可能会背离我们的意图和利益，甚至可能带来无法预料的灾难。

2018 年，在美国亚利桑那州坦佩市，一辆优步自动驾驶汽车撞死了过马路的伊莱恩·赫茨伯格（Elaine Herzberg）。美国国家交通安全委员会的审查发现，造成这一悲剧的原因之一在于"系统从未将她归类为行人……因为她在没有人行横道的地方过马路；该系统的设计没有考虑乱穿马路的行人"。这个案例突显了人工智能对齐在自动驾驶领域的至关重要性。仅仅遵循交通规则是不够的，我们还需要确保自动驾驶汽车的人工智能系统能够在保护乘客和行人安全方面做出符合人类道德和伦理标准的决策。

2023年12月底，杭州上城区网警破获的一起重大勒索病毒案件进一步揭示了人工智能对齐问题的复杂性。该犯罪团伙成员都具备网络安防的专业资质，并在犯罪过程中利用ChatGPT优化其程序。这些犯罪分子分工合作，一方面编写勒索病毒，另一方面借助ChatGPT进行程序优化，最后实施网络敲诈勒索。这一事件不仅展示了人工智能技术在误用时的潜在危害，也突显了防止其被用于有害目的的重要性。

布莱恩·克里斯汀在《人机对齐》中也列举了一系列引人深思的实例：越来越多的美国州法和联邦法允许使用"风险评估"软件来决定保释和假释。越来越多的自动驾驶汽车在高速公路和城市的大街小巷中穿梭。贷款申请、求职简历甚至医学检查的结果，往往不再需要人工审核便可得出。这种趋势仿佛表明，21世纪初的人类正试图将社会的管理交给人工智能，就像将驾驶汽车的任务交给自动驾驶系统一样。

然而，这里存在一个极为关键的问题：如果人工智能模型缺乏价值观对齐，它们可能输出具有种族或性别歧视的决策，协助网络黑客编写用于网络攻击和电信诈骗的代码，在极端的情况下，甚至可能试图说服或帮助有自杀念头的用户结束自己的生命。这些例子清楚地表明：我们需要确保人工智能系统不仅在技术上高效，而且在道德和伦理上符合人类社会的基本价值观。

因此，为了确保大模型的安全性、可靠性和实用性，我们必须防止它产生有害输出或被滥用。2024 年 1 月，谷歌 Deep-Mind 的机器人团队宣布了一项雄心勃勃的计划：建立一个名为"AutoRT"的系统。这个系统将作为"机器人宪法"，指导机器人在收集和使用训练数据时的行为。这部"机器人宪法"的构思明显受到了科幻作家艾萨克·阿西莫夫（Isaac Asimov）"机器人三定律"的启发。这三条定律要求机器人不得伤害人类或见人受伤而无动于衷；应服从人类的命令，但这些命令不能与第一条定律相冲突；机器人应保护自己的安全，但不得违背前两条定律。

"机器人宪法"将通过"以安全为重点的提示"来指导大语言模型，避免选择可能对人类和动物造成风险的任务。这不仅仅是一种技术上的限制，实际上，它代表着对人工智能进行道德编码的一种尝试，确保它的行为和决策过程符合人类的伦理和道德标准。通过这样的措施，我们可以朝着创建更加可靠和负责任的人工智能系统迈进。

实现人工智能对齐无疑是一个错综复杂的挑战，目前这个领域还没有找到一个完全的解决方案。然而，科学家们已经提出了一些富有前景的方法和思路。其中之一是利用人类反馈来训练人工智能系统。这意味着研究者们需要对人工智能的行为进行持续的监督和评估，以便及时发现并纠正任何与人类价值观不一致的行为，进而对系统进行调整和改进。此外，也可以开发人工智能系统以辅助人类进行这种评估，确保其决策过程更加透明和可靠。甚至，可以考虑专门训练一个用于人工智能对齐研究的人工智能系统，以更深入地理解和解决对齐问题。

这里我们不会深入探讨上述这些技术细节，但是，无论选择何种技术路径，都必须面对一个核心问题：如果让人工智能遵循人类的价值观，它究竟应该向谁看齐？

斯坦福大学的计算机科学家斯特法诺·埃尔蒙（Stefano Ermon）曾指出，虽然大多数人都认同人工智能对齐人类价值观这一理念，但挑战在于定义这些价值观究竟是什么。毕竟，不同文化背景、社会经济地位和地理位置的人对价值观有着截然不同的理解。

以 ChatGPT 等大模型为例，它们大多由美国公司开发，并以北美数据为基础进行训练。因此，当这些模型被要求生成各种日常物品时，它们会创建一系列美国式的物品。随着世界充满越来越多人工智能生成的图像，反映美国主流文化和价值观的图像将充斥在日常生活中。这不禁让我们思考：人工智能是否会成为一种文化输出的工具，从而在全球范围内影响其他国家和文化的话语表达方式？

在这个阶段，我们面临着选择合适价值观的挑战。这里的难题并非仅仅让人工智能模仿人类，而要决定它应该模仿怎样的人类特质。人类本身的不完美性——包括多样化的价值观、个人偏好、缺点，乃至歧视倾向——都可能无意中被编码进人工智能。在为人工智能制定价值观时，除了要寻找不同文化和价值观之间的共识，还要考虑如何融合这些共识，来塑造一个更全面、更公正的人工智能。这就要求我们开发出更先进的道德和伦理规则，以确保人工智能不仅反映人类的优点，同时也能避免我们的缺陷。

为此，我产生了一个更加激进的想法，为什么人工智能对齐一定要和人类对齐？也许我们应该探索一种与人类截然不同的、独立于人类局限性之外的价值体系。人类未来研究所的尼克·博斯特罗姆（Nick Bostrom）在2018年曾说过这么一句话："人类的技术能力和人类的智慧在进行一场长距离赛跑，前者就像疾驰在田野上的种马，后者更像是站不稳的小马驹。"这个比喻不仅揭示了技术发展和人类智慧之间的失衡，也暗示了我们在构建人工智能价值观时可能存在的狭隘视角。

也许，在人工智能的发展中，我们不应该局限于模仿人类的现有思维和行为模式。相反，我们可以探索更广阔的可能性，例如，基于人类理想中的伦理和道德原则，甚至完全超越人类经验的新型智能。人工智能模型应该超越人类能力的局限性，而不仅仅是复制人类能力的局限性，这才是人工智能对齐故事中最激动人心的一幕。它给了人类一个审视自我的机会。这种全新的价值观对齐方式，可能是我们在面对不断发展的技术时所需的一次重大飞跃。

电车难题：
你愿意质押隐私换取全社会零犯罪吗?

　　电视剧《沉默的真相》，讲述了隐藏在一起自杀案后面的不可告人的罪恶。一群好人，为了寻求正义，历经十载，不断碰壁，不断失败，最后只能以共谋和放弃生命的方式来拼死一搏。剧中呈现了三条时间线：2000年的侯贵平，2003年的江阳和2010年的严良。编剧为什么把时间轴选在了2000年到2010年这十年，而不是2010年到2020年这十年?

　　看完全剧，才发现这群好人最后得以获胜的物证是一张照片。而如果放在后十年这么一个时代背景，公安干警们完全可以调用"雪亮工程"支撑下成千上万的摄像头，来找到更多的物证。

让我们想象这么一个场景，如果政府有权接入每个人的电子设备（包括但不限于手机、穿戴式设备、智能音箱等），获取他们的地理位置，记录他们输入的文本内容，点击的手机应用或网页，甚至监听每一通电话和每一条微信、短信，许多犯罪行为会被抓个现行，乃至提前制止。当然，会有反对派站在隐私的角度，反驳说这是奥威尔式的监控。但是，如果你是好人，干吗要害怕呢？政府会保证，这项人工智能技术只用于打击犯罪，所有的无关信息和数据会受到严密保护和及时销毁。

让我们再想象这么一个场景：《沉默的真相》中，好几次，相关犯罪嫌疑人，如小寡妇丁春妹、黄毛，都快要开口交代了，但因为种种原因和阻碍，或被灭口，或被封口。如果人工智能技术在未来通过机器深度学习技术，通过分析核磁共振扫描仪等脑部传感器收集的大脑数据，直接还原出嫌疑人脑中的真实想法和事实，那么，法庭的证据质证阶段是否会变得更快、更简单和更公平？

自然，隐私派的支持者还是会站出来质疑，如果这种人工智能系统犯错误了怎么办？还有，人类的坏思想，或者只要有犯罪的计划，是否能够接受合法的检查？同样，技术派会回答，既然你坐飞机、坐高铁，能够接受随身携带物品被仪器检查，为什么人脑就不可以呢？现代技术可以保证，只检测违法乱纪的那部分，而自动忽略属于你个人的那部分好的思想。在公平和隐私之间，在保护社会整体利益和维护个人自由之间，界限在哪里？这条界限会不会不可阻挡地逐渐走向减少隐私的那个方向，以此来抵消证据会被隐藏和伪造的不良影响？

让我们再次发挥想象力，模拟一下这个场景：如果有朝一日，有人可以借助人工智能，生成一段你实施犯罪的虚假视频，而且它以假乱真，看起来非常真实，那么，你是否会投票支持政府借助人工智能追踪每个人，包括实时位置和通话记录，以此来洗刷你被栽赃陷害的罪名？

英国电视剧《真相捕捉》（*The Capture*）就讲述了这个故事：从阿富汗反恐回国的士兵肖恩受审时，战友携带的单兵视频记录仪拍摄下了他在战场上滥杀无辜的镜头。而在即将被判决时，有一个视频专家为大家提供了另一个调整后的版本。由于单兵视频记录仪视频画面和音轨不同步，当调整完毕后，法官发现肖恩的开枪是绝对合理的，肖恩被当庭释放。但很快，肖恩又被控谋杀，一段街头公共摄像头拍下的视频，证明肖恩在无人的公交站台扭打他的律师汉娜；而事实却是肖恩向汉娜表白后，她上公交车回家了。最后的真相是：律师汉娜假扮自己被杀，借用肖恩上一个案件的名声将当局用高科技手段篡改视频，构陷恐怖分子入狱的事实公之于众。

这是编剧构撰的一个"人工智能时代的电车难题"：警方一方面要制止可能危害公共安全的恐怖活动，另一方面却没有合法证据来证明其有罪。他们伪造视频的初衷是抓捕那些有罪而无实质证据的恐怖分子，以保护大多数人的公共利益。然而律师汉娜却坚持制度规则不能变，她更想保护的是长远意义上的程序公平和正义，虽然某种程度上，这种程序正义放过了坏人。

技术是中立的，但使用技术的人是有立场的。在人工智能时代，高科技的日新月异将带来技术边界与伦理道德的冲突。如果你愿意，请抽个时间，看完上述两部电视剧，然后找一些你的朋友，大家放下手机，一起讨论一下："你想控制你的高科技产品，还是被你的高科技产品所控制？""你是否愿意用自己的隐私去换取绝对的公平？""在人工智能时代，如果通用人工智能（Artificial General Intelligence，AGI）真的实现，是否意味着机器将拥有人的自我意识？"……这些问题，不仅很有趣，而且对我们的未来还很重要。

后记

—

请加入人工智能相伴的生命未来

在探讨了人工智能的现在和未来，以及人工智能时代的种种难题之后，我亲爱的读者，很高兴你能读到本书的结尾，如果你感到意犹未尽，那么，在结束这次愉快的对话之前，请允许我再分享一些有趣的延伸阅读。

在写作本书的过程中，人工智能领域又发生了许多重要变化，谷歌发布新一代大型语言模型 Gemini、OpenAI 发布首个视频生成模型 Sora 等。我们看到，人工智能技术正在以前所未有的速度"进化"，并向传统社会发起"冲击"。我始终相信："未来无法挑选，改变即将到来。它在这里，无法阻止！当它来到我们面前时，我们实际上只有两种选择——拥抱它，或是以卵击石。"［语出杰森·费弗（Jason Feifer）］但是，我们也需要警惕："如今，生命最大的悲哀，莫过于科学汇聚知识的速度快于社会汇聚智慧的速度。"（语出艾萨克·阿西莫夫）

《数据资本时代》（*Reinventing Capitalism in the Age of Big Data*），中信出版集团，2018 年

如果行为是塑造未来的力量，那其实在这股力量的背后是各种可被收集和计算的人和物的数据。本书作者之一维克多·迈尔 - 舍恩伯格（Viktor Mayer-Schnberger）被誉为"大数据商业应用第一人"。2012 年，舍恩伯格所写的《大数据时代》（*Big Data*）引入国内，被称为大数据研究的先河之作，他那时就提出：大数据带来的信息风暴正在变革我们的生活、工作和思维。在《数据资本时代》中，他又提出了一系列新的概念，这次，他试图阐述大数据将如何从根本上改变经济。或者说，他试图解释数字经济的新货币——数据的作用。

我最赞同他的观点之一是"用数据交税"。在大数据时代，如何让公司支付它们本该支付的税款？政府可能会考虑让它们用数据而不是用货币来支付部分税款。比如，汽车制造商可以匿名提供汽车上的传感器数据，这样政府就可以利用这些数据来识别道路交通中特别危险的地方，从而改善交通安全。同

样，从农场和超市收集到的反馈数据，也可以用来改善食品安全；在线学习平台的反馈数据可以帮助公共教育部门改善决策；而用于交易匹配的决策辅助数据则可以用在早期预警系统中，使政府可以对市场泡沫更好地进行预测。

《生命 3.0：人工智能时代，人类的进化与重生》(*Life 3.0: Being Human In the Age of Artificial Intelligence*)，浙江教育出版社，2018 年

作者迈克斯·泰格马克（Max Tegmark）对未来生命的终极形式进行了大胆的想象：生命已经走过了 1.0 生物阶段和 2.0 文化阶段，接下来，生命将进入能自我设计的 3.0 科技阶段。它不仅可以自行设计软件，还可以自行设计硬件，由碳基生命变为硅基生命，最终摆脱进化的枷锁。数字乌托邦主义者认为，人工智能的降临或许是宇宙大爆炸以来最重要的事件，数字生命将是宇宙进化的天赐之选。"未来的超级智能可以收割黑洞辐射和夸克引擎的巨大能量，逼近计算力的理论上限，以光速进行宇宙殖民。"但数字卢德主义者认为，人工智能有可能是人类的最后一项发明，人工智能将成为征服者，把人类消灭；或者把人类当作稀缺物种，圈养起来，成为动物园管理者。

今日的人类，或许更应该担心：它会以怎样的方式出现，或者说，我们该怎样为一切做好准备。基于此，霍金为《生命

3.0：人工智能时代，人类的进化与重生》写下了下面一段推荐词："无论你是科学家、企业家，还是将军，所有人都应该问问自己现在可以做些什么，才能提升未来人工智能趋利避害的可能性。这是我们这个时代最重要的一次对话。"

《隐藏的行为》（*Revealing the Invisible*），中信出版集团，2019 年

驱动未来的力量有哪些？《隐藏的行为》一书提出，"行为商业、忠诚品牌、需求驱动、超个性化、数字生态圈、无摩擦关系、自动化这七种无形的力量正塑造着未来"。这七种力量中，行为将成为首要的推动力，被称为 21 世纪高价值的商品和新的全球货币。在数字经济时代，一切都被记录，一切都被数字化。除了人类的一切行为会被捕捉和分析，人工智能驱动的自动驾驶汽车、智能设备和智能机器都将表现出行为。借助人工智能技术，我们可以分析隐藏在数字生态圈中的数万亿行为（数据），追踪每一种行为的能力将帮助我们预测个体和集体的未来。

在不久的将来，每个人和每台数字设备的行为都在勾勒出一个"数字自我"——一个可以与其他数字实体交流、互动、协作的数字孪生体。想象一下，如果所有个体的行为都可以被预测，那么整座城市的行为是不是也可以被预测和被推演？在未来，每一座物理城市将会有一座数字孪生城市，作为它的虚拟映射体和智能操控体，形成虚实对应、相互映射、协同交互的复杂巨系统，城市将可以被模拟、监控、诊断、预测和控制，数字城市为了服务物理城市而存在，物理城市因为数字城市变得高效有序。

《技术垄断》（*Technopoly*），中信出版集团，2019 年

谈论未来时，总会谈到科技的力量。科学技术是第一生产力，是推动人类社会发展的革命性力量，驱动我们奔向未来。但是，科学技术也具有两面性，是一把双刃剑。在赞美科技的同时，总有一些学者清醒地看到科学技术使人类社会面临各种各样的风险。《技术垄断》与《童年的消逝》(*The Disappearance of Childhood*)、《娱乐至死》(*Amusing Ourselves to Death*) 并称为尼尔·波斯曼（Neil Postman）的"媒介批评三部曲"，其一以贯之的主题是检讨技术对人类社会生活、文化、制度的负面影响。

虽然尼尔在书的首章中借弗洛伊德的话"在批评技术时，必须以承认技术的成就为开场白"以示公平，但是，这本书一直在试图说明技术何时、如何、为何成为特别危险的敌人。之前那几本书对于未来的乐观，在尼尔的咄咄逼人下，不堪一击。人工智能、大数据等，都不可能产生创造意义、具有理解力和情感的动物。好在，最后尼尔还是给了我们一丝希望，让我学到了一个新名词——"媒介环境学"，媒介如何让人向善，

媒介如何让人洞见，媒介如何在信息泛滥的时代，能够站出来，不被技术裹挟。

《18 个未来进行时》(*What's Next?*)，北京联合出版公司，2019 年

《18 个未来进行时》收录了 18 篇有理有据的科学小论文，分别预测了地球的未来、我们的未来、网络的未来、制造的未来和遥远的未来。18 位作者从我们身边的人口、生物圈保护和气候变化讲起，继而讨论诸如人工智能、量子计算、合成生物学等热门话题，最后则是选择了比较激进的主题，或者说，有生之年无法看到的未来：空间传送和时间旅行。在新冠疫情结束不久的今天，疾病发展的速度超过了我们医治的速度，更需要我们用基因组测序技术去尽快地监测细菌或病毒毒株基因组数据。

英国伦敦帝国理工学院教授克里斯·图马佐（Chris Toumazou）研发出一种可插入 U 盘的检测用芯片，只需几分钟就可以在任何计算机上创建个人的"生物 IP 地址"。这项技术有意避开人类基因组的全部 30 亿个化学碱基，而专注于每个人身上最独特的 1%。不同的芯片可以检查不同的人类基因突变，特别是一个人对某种疾病的易感性。正如图马佐所说："未来，医生考察的将不再是你的病史，而是你未来的疾病。"

那么，对人类基因进行编程和改造，究竟是通往永生之

门，还是另一条毁灭之路呢？

《没有思想的世界：科技巨头对独立思考的威胁》（*World Without Mind: The Existential Threat of Big Tech*），中信出版集团，2019 年

如果说迈克斯·泰格马克还算是一位警觉的乐观主义者，他相信科技会赋予生命一种潜能，并帮助它实现前所未有的繁荣，那么《没有思想的世界：科技巨头对独立思考的威胁》的作者富兰克林·福尔（Franklin Foer），则是一位清醒的悲观主义者，他在书中不断地提醒我们：原本设计是多元化的网络，现在反而无时无刻不在操控人的思想，科技寡头正在摧毁我们的创造力和思想，社交媒体需要新的道德规范。

富兰克林给我们描绘了一幅 GAFA（谷歌、亚马逊、脸书和苹果）控制现代人心智的画面：它们从早上叫我们起床开始，便开始用它们的人工智能软件控制我们过完一天，甚至一生。它们正在成为私人珍贵记忆的保管者，储存着我们的日历、联系人、照片、视频和电子文档；它们希望我们不假思索地向它们咨询信息、订阅杂志和观看影视；它们期待着我们每天向它们订购食物、衣服和家庭用品。甚至，谷歌眼镜和苹果手表还想把它们的人工智能植入我们的身体里。因此，富兰克林在书中疾呼："当前我们的航向并不由我们自己掌握。我们在随波逐流，但并没有来自政治系统、媒体或是知识阶层的压

力与这股浪潮相抗衡。我们正漂向垄断，漂向因循守旧，漂向制造它们的机器。"

《呼吸》（*Exhalation: Stories*），译林出版社，2019 年

特德·姜（Ted Chiang）的《呼吸》一书，共收录了九个如同英剧《黑镜》一般的短篇科幻故事。我最喜欢的一篇是《软件体的生命周期》，因为那才是我心目中的数字孪生。

这是一个关于抚养人工智能成长的故事。安娜在蓝色伽马公司担任虚拟宠物训练师，培育"数码体"（类似电子宠物），供喜爱之人购买当作宠物。蓝色伽马借助"神经源"基因组引擎，生产了一批可以持续成长的数码体，需要被喂食，被人照料。它们是需要人类花二十年的真实时间去陪伴，去帮助成长的虚拟生命体，为此许多人不愿意付出，数码体市场也由发展壮大走向冷淡萧条。特德·姜在小说中给出了一些设定："总有一天我们会有足够多的数码体组成一个自足的社群，之后它们就可以不依赖于和人类的互动了。我们可以加快运行一个数码体社会，而不必担心它们野化，看看它们能产生出什么。"

这个故事和《生命 3.0：人工智能时代，人类的进化与重生》一样，都是在探讨当人工智能来临的时候，人类和人工智能如何共存。如果说，人机共存将不可避免，我们将要学习善用机器，彼此关爱，共享未来。

《做个机器人假装是我》，甘肃少年儿童出版社，2019 年

这是一本适合亲子共读的童书，作者是日本的吉竹伸介。绘本中的小健，想定做一个机器人，假装是自己，代替他完成所有烦人的事情。哈哈，是不是所有人都想有这么一个分身？为了让别人不发现现在的小健是个机器人，小健要把自己的一切详细地告知机器人，让它可以完美复制自己。

在让机器人替身了解自己的同时，小健也逐步认识到："我有一些只有我才知道的事。我脑海中想的事情只有我自己知道。其他任何人都不可能钻进我的脑子里，看我在想什么。我的内部有一个只有我才能进入的属于我一个人的世界。我是独一无二的。"

最后，小健以为机器人可以成功模仿自己。可是，回到家，机器人才张口喊了一声"妈妈"，就被小健妈妈质疑："你是谁？"穿帮喽！

这个结尾像极了现实和未来的距离，我们以为未来已来，我们的生活虽然发生了翻天覆地的变化，但并没有想象中的那么高科技。人工智能目前还真只是"人工 + 智能"，我们还有时间去做好充分的准备。

《算法的力量：人类如何共同生存？》（*Future Politics : Living Together in a World Transformed by Tech*），北京日报出版社，2022 年

本书作者杰米·萨斯坎德（Jamie Susskind）认为，人工智能、虚拟现实等各种技术将彻底改变我们的公共和私人生活。科学和技术的不懈进步将改变人类共同生活的方式，从而给政治带来同等程度的深远且骇人的影响。当一个社会开发出新奇的信息技术和通信技术时，我们便可以预见，政治上的变革也将到来。正如萨斯坎德提醒我们的那样："如今最重要的革命不是在哲学系里发生的，甚至没有发生在议会和广场上，而是在实验室、研究机构、科技公司和数据中心里默默上演。"

他给我们描述在数字生活世界中，围绕我们的许多代码将能自己修改程序，并随着时间不断变化，同时学习模式识别，创建模型和执行任务。在这个世界中，某些技术和平台，以及控制它们的人拥有强大权力：有些技术会收集我们所有的数据，我们为此会避免做出那些被视为可耻、有罪或错误的行为；还有一些技术会过滤我们对世界的认知，选择我们能知道什么，塑造我们的想法，影响我们的感受，指导我们的行动；还有一些技术会迫使我们去做我们原本不会做或不愿意做的事情。

《沪上 2098》，江苏凤凰文艺出版社，2023 年

这是我读过的关于未来机器人和人类共同生活的最好的科

幻小说。2098年，上海已经处于人类和机身共同生活与居住的时代，机身以超强的智慧成为代表人类自己的另一半，它们拥有和现在的机器人完全不同的进化通道，在和人类的相处中，既可快速、准确地代为处理工作，也因为其强大的模仿能力，给人类的生活带来全新伴侣式的美好。

在书中，一百多个来自各行各业的人对"机身该如何成为人类好伴侣"这个话题进行了为期三天的讨论。他们提出了很多尖锐的提问，比如："机身如果作为我的一部分，那么人均房产就不应该像现在这样算，这涉及房产税的调整。""如果我死了，我的机身是否可以继承遗产？我的机身应该如何处理才能保护我的隐私？""如果有人利用别人的机身犯罪，应该如何量刑？""机身如果侵占了大多数人的职业空间，造成社会失业率高涨，我们为什么还需要机身？"

在2098年的上海，已陆续出现机身换肤师、算法优化师、机身发型设计师、机身爱情程序配对师等二十多种新职业。同时，"机脑混合"开始流行，在人的身体中可以植入和机身同款的芯片，双方互相读取脑中流动的思想，在脑联网里直接交流，人机共脑开启了未知世界的新纪元。那个时代的人类，可以选择远离机身，不愿意在身体中植入芯片，固守在传统人类生活的世界——凡桃俗李争芬芳，只有老梅心自常；也可以勇敢地和机身共同进化，无惧无常，深知——天地里，唯有江山不老。

上述推荐书目里面，有全心全意欢迎人工智能等新技术的数字乌托邦主义者，也有怀有忧虑并支持新技术安全性研究的技术怀疑主义者。未来，作为"人"，会变成什么？又意味着什么？我们如何才能让未来变成我们想要的样子？朋友们，我愿意和你一起，加入有人工智能相伴的生命未来。

- 全书完 -

未来可期：与人工智能同行

作者＿胡逸

产品经理＿冯晨　　装帧设计＿杨慧　　技术编辑＿丁占旭

责任印制＿刘淼　　出品人＿曹俊然

果麦

www.guomai.cn

以 微 小 的 力 量 推 动 文 明

图书在版编目（CIP）数据

未来可期：与人工智能同行 / 胡逸著. -- 西安：
太白文艺出版社，2024.6（2024.7重印）
ISBN 978-7-5513-2622-3

Ⅰ．①未⋯ Ⅱ．①胡⋯ Ⅲ．①人工智能－普及读物
Ⅳ．①TP18-49

中国国家版本馆CIP数据核字(2024)第103319号

未来可期：与人工智能同行
WEILAI KEQI:YU RENGONG ZHINENG TONGXING

作　　者	胡　逸
责任编辑	蔡晶晶
装帧设计	杨　慧
出版发行	太白文艺出版社
经　　销	新华书店
印　　刷	天津丰富彩艺印刷有限公司
开　　本	880mm×1230mm　1/32
字　　数	119千字
印　　张	6.25
版　　次	2024年6月第1版
印　　次	2024年7月第2次印刷
印　　数	5,001-10,000
书　　号	ISBN 978-7-5513-2622-3
定　　价	49.80元

如有印装质量问题，可寄出版社印制部调换
联系电话：029-81206800
出版社地址：西安市曲江新区登高路1388号（邮编：710061）
营销中心电话：029-87277748 029-87217872